高等学校基础化学实验系列丛书

合肥工业大学图书出版专项基金资助项目

无机化学实验

主　编　翟林峰

副主编　王华林　刘　娜

参　编　陈敏敏　乔梦霞

合肥工业大学出版社

前　言

　　无机化学实验是化学学科的一个重要实践性环节,其相关内容不仅紧密配合无机化学理论课的教学,同时也保持了其作为一门基础化学实验课程的相对独立性和完整性。本书主要内容包括:基本操作实验、基本原理与常数测定实验、无机化合物的制备实验、元素化合物性质实验、应用性和综合性实验等。通过熟悉无机化合物的一般分离和制备方法使学生掌握无机化学的基本实验方法和操作技能,培养学生的科学认识能力和科学研究能力。无机化学实验的目的是帮助学生学会从事化学实验的基本技能,巩固与扩大课堂所获取的化学知识,培养学生思考、分析判断、比较推理和概括综合的能力。

　　本书根据教学大纲的基本要求,共编入十八个不同类型的实验,供不同专业的学生选用,充分体现实验教学的目的,强调对学生的素质培养。为适应现代科学技术的发展,实验中使用目前国内比较先进的仪器,提高了实验的教学水平和教学质量。

　　本书由合肥工业大学的翟林峰担任主编,合肥工业大学的王华林和刘娜担任副主编,同时巢湖学院的陈敏敏和安徽建筑大学的乔梦霞也参与了本书部分实验的编写工作。

　　本书的编写出版得到了合肥工业大学及有关部门的大力支持和帮助,在此表示由衷的感谢。

　　编写本书时,参考了大量的优秀教材内容,编者在此谨表示崇高的谢意。

　　限于编者水平,错漏之处在所难免,恳望不吝赐教,以便今后不断完善。

编　者

目　　录

第一章　无机化学实验须知 ……………………………………………… (001)

实验目的 …………………………………………………………… (001)

实验方法 …………………………………………………………… (001)

实验室规则 ………………………………………………………… (006)

实验室安全 ………………………………………………………… (007)

无机化学实验中的常用仪器 ……………………………………… (009)

第二章　实验基本操作与数据处理 ……………………………………… (014)

基本操作 …………………………………………………………… (014)

误差与数据处理 …………………………………………………… (032)

第三章　实验内容 ………………………………………………………… (038)

实验一　化学基本实验技能 ……………………………………… (038)

实验二　氯化钠的提纯 …………………………………………… (044)

实验三　化学反应速率与活化能的测定 ………………………… (047)

实验四　溶液的配制与 pH 测定 ………………………………… (051)

实验五　沉淀反应与应用 ………………………………………… (055)

实验六　氧化还原反应与电化学 ………………………………… (058)

实验七　配合物性能与应用 ……………………………………… (062)

实验八　聚合硫酸铁的制备及性能测定 ………………………… (066)

实验九　铬和锰化合物的制备与性能 …………………………… (069)

实验十　铁、钴、镍化合物的制备与性能 ……………………… (073)

实验十一　硫酸铜的制备 ………………………………………… (077)

实验十二　硫酸亚铁铵的制备 …………………………………… (080)

实验十三　配合物的制备及其组成分析 ………………………… (083)

实验十四　三草酸合铁(Ⅲ)酸钾的制备 ……………………………… (091)

实验十五　Fe 基 Al_2O_3 弥散型复合微粉的制备 ………………………… (094)

实验十六　磷酸盐型无机黏合剂的制备 ……………………………… (096)

实验十七　常见阳离子的分离和鉴定 ………………………………… (098)

实验十八　常见阴离子的分离和鉴定 ………………………………… (107)

附　录 ……………………………………………………………………… (112)

附录一　PHS-3C 型酸度计 …………………………………………… (112)

附录二　DDS-11D 型电导率仪 ……………………………………… (117)

附录三　Zetasizer Nano 型 Zeta 电位仪 …………………………… (121)

附录四　72 型可见分光光度计工作原理 …………………………… (125)

附录五　实验室常用酸碱浓度 ………………………………………… (127)

附录六　部分弱电解质在水中的电离平衡常数 …………………… (128)

附录七　25 ℃时部分难溶电解质在水中的溶度积常数 ………… (130)

附录八　部分配离子的不稳定常数 …………………………………… (133)

附录九　部分离子和化合物的颜色 …………………………………… (137)

附录十　部分重要无机化合物的溶解度 …………………………… (141)

附录十一　部分试剂的配制方法 ……………………………………… (144)

参考文献 …………………………………………………………………… (147)

第一章　无机化学实验须知

实验目的

无机化学实验既是一门基础学科的物质认知性实验,又是一门以基本操作为主的技能训练性实验,对培养学生的综合素质和创新能力具有特殊重要的意义。无机化学实验的主要任务是通过实验教学,加深对无机化学中的基础理论、无机化合物性质和反应性能的理解,熟悉无机化合物的一般分离和制备方法,掌握无机化学的基本实验方法和操作技能,培养学生的科学认识能力和科学研究能力。无机化学实验的主要目的:

(1)通过实验使学生正确地掌握无机化学实验的基本操作方法、技能和技巧,学会使用无机化学实验的仪器,具有安装设计简单实验装置的能力。

(2)通过实验使学生了解一些常见无机物的制备、分离和提纯方法,掌握常见元素的单质和化合物的组成、结构、性质等知识。通过验证无机化学的基本反应规律及基本理论,加深对基本概念的理解。

(3)通过实验培养学生正确观察、记录和分析实验现象,合理处理实验数据,规范绘制仪器装置图,撰写实验报告,查阅文献资料等方面的能力。

(4)通过实验培养学生实事求是的科学态度,准确、细致、整洁的良好实验习惯,科学的思维方法,以及处理实验中一般事故的能力。

实验方法

一、预习

为了使实验获得良好的效果,实验前必须进行预习,且主要包括以下预习内容。

(1)阅读实验教材、教科书及其他参考资料的有关内容。

(2)明确实验目的,知晓实验原理。

（3）了解实验的内容、步骤、操作过程和实验时应注意的事项。

（4）写好预习笔记，可以用自己的语言，包括各种符号，最简练地写出实验内容和注意事项，以便能够迅速、准确地完成实验。

二、实验

根据实验笔记进行操作，并做到：

（1）规范操作，细致观察，及时地、如实地做好详细记录。

（2）如果发现实验现象和理论事实不符合，应首先尊重实验事实，并认真分析和检查其原因，必要时可重做实验加以验证。

（3）做实验时要积极思考，仔细分析，力争自己解决问题，但遇到疑难问题而自己难以解决时可提请教师指点。

（4）在实验过程中应保持肃静，并严格遵守实验室各项规章制度。

三、实验报告

实验做完后应对实验现象进行解释并做出结论，或根据实验数据进行处理和计算，独立完成实验报告，交给指导教师审阅。实验结束后，要对实验进行全面总结，写出实验报告。应根据实验现象进行分析、解释，写出有关的反应方程式，或根据实验数据进行计算，并将计算结果与理论值比较、分析，从而做出结论。实验报告应简明扼要，书写工整，不要随意涂改，更不能相互抄袭，马虎行事，并尽量用简图、表格、化学式、符号表示。

实验报告的格式没有统一规定，不同类型实验的报告格式也不同。下面介绍几种不同类型的实验报告格式，以供参考。

[样式一] 无机化学实验报告

班级_____学号_____姓名_____日期_____

实验名称_____

一、实验目的
二、实验原理
三、实验仪器
四、实验步骤及主要现象
五、实验结果
六、问题与讨论

[样式二]　　　　　　　　　无机化学实验报告

班级＿＿＿＿＿＿＿学号＿＿＿＿＿＿＿姓名＿＿＿＿＿＿＿日期＿＿＿＿＿＿＿

实验名称＿＿＿＿＿＿＿＿＿＿＿＿＿＿＿＿＿＿＿＿＿＿＿＿＿＿＿＿＿＿＿＿

一、实验目的
二、实验原理
三、实验仪器
四、实验步骤
五、数据记录与实验结果
六、问题与讨论

[样式三]　　　　　　　　　　无机化学实验报告

班级＿＿＿＿＿＿学号＿＿＿＿＿＿姓名＿＿＿＿＿＿日期＿＿＿＿＿＿

实验名称＿＿＿＿＿＿＿＿＿＿＿＿＿＿＿＿＿＿＿＿＿＿＿＿＿＿＿＿＿＿＿＿

一、实验目的
二、实验原理
三、实验仪器

实验内容	实验现象	反应方程式	解释及结论

实验室规则

(1)实验前一定要做好预习和实验准备工作,明确实验目的,了解实验内容及注意事项。预习不充分者不准进行实验。

(2)检查实验所需的药品、仪器是否齐全。未经教师同意,不得拿用别的位置上的药品和仪器。

(3)实验时要遵守纪律,保持肃静,集中思想,认真操作,仔细观察,积极思考,如实详细地做好记录。

(4)实验时应保持实验室和实验台面的整洁,仪器、药品应放在固定的位置上。废纸、火柴梗、废液、金属屑等应投入废纸篓或废液缸内,切勿倒入水槽,以防堵塞或锈蚀下水道。

(5)爱护国家财物,小心使用仪器和实验设备,注意节约水、电、煤气和酒精灯。使用精密仪器,必须严格遵守操作规程,谨慎细致。如发现仪器有故障,应立即停止使用,及时报告指导教师予以排除。

(6)按规定量取用药品,注意节约。自瓶中取出药品后,不得将药品倒回原瓶中,以免带入杂质。取用药品后,应立即盖上瓶塞,放在指定位置的药品不得擅自拿走。试剂瓶的滴管、瓶塞是配套使用的,用后立即放回原处。

(7)实验完毕,随时将所用仪器洗刷干净,并放回实验柜内。擦净实验台及试剂架,清理水槽,经指导教师检查合格后再离开教室。

(8)值日生负责整理药品、试剂,打扫实验室卫生,检查实验室安全(水、电、气、门窗等)。

(9)发生意外事故应保持镇静,不要惊慌失措。遇有烧伤、烫伤、割伤时应及时报告教师,进行急救和治疗。

(10)实验室内所有仪器、药品及其他用品,未经允许不得带出实验室。

实验室安全

一、实验室安全守则

(1)在使用酒精、乙醚、苯、丙酮等易挥发和易燃物质时,要远离火源。

(2)产生有毒或有刺激性气体的实验,要在通风橱内进行。

(3)在使用浓硫酸、浓硝酸、浓碱、液溴、氢氟酸及其他有强烈腐蚀性的液体时,要十分小心。切勿溅在衣服、皮肤,尤其是眼睛上。稀释浓硫酸时,必须将浓硫酸缓慢地倒入水中并不断搅拌,绝不能将水倒入浓硫酸中,以免迸溅。

(4)钾、钠和白磷等暴露在空气中易燃烧。故钾、钠保存在煤油中,白磷保存在水中。取用它们时要用镊子夹取。

(5)在点燃氢气等可燃性气体之前要检验其纯度,绝不可在未经检验纯度前直接在制备装置或贮气瓶气体导出管口点火,否则可能引起爆炸。

(6)不允许用手直接去取用固体药品。不能将药品任意混合,如氯酸钾、硝酸钾、高锰酸钾等强氧化剂或其混合物不能研磨,否则会引起爆炸。

(7)应配备必要的防护眼镜。倾注药剂或加热液体时,不要俯视容器。加热试管时,不要将试管口对着自己或别人,以免液体溅出,受到伤害。不要用鼻孔凑到容器口上去嗅闻气体,应用手轻拂气体,将少量气体轻轻煽向自己后再嗅。

(8)有毒药品(如重铬酸钾、钡盐、铅盐、砷的化合物、汞的化合物,尤其是氰化物)不得放入口内或接触伤口。剩余的废液不要随便倒入下水道,应倒入废液缸内统一处理,以免污染环境。

(9)金属汞易挥发,会通过呼吸道进入体内,吸入一定量后会引起慢性中毒,所以,用汞时要特别小心,不得使其洒落在桌上或地上。一旦洒落,要尽可能地收集起来,并用硫黄覆盖在洒落的地方,使之转化为硫化汞。

(10)使用的玻璃管或玻璃棒切割后应马上烧熔断口,保持断口圆滑,以免割伤皮肤。

(11)不能用湿手接触电源。水、电、煤气一经用毕立即关闭,用完点燃的火柴应立即熄灭,不得乱扔。

(12)不准将餐具和食物带入实验室,严禁在实验室内饮食、吸烟。实验完毕要洗净双手后再离开实验室。

二、实验室事故的处理

(1)割伤:伤处不能用手抚摸,也不能用水洗涤。应先检查伤口内有无玻璃碎片,挑出碎片后,轻伤可以涂上碘伏或碘酒,然后包扎好。伤口较重时,进行简单处理后,尽快去医务室或医院就诊。

(2)烫伤:切勿用冷水冲洗伤处。伤处皮肤未破时可涂搽饱和碳酸氢钠溶液或用稀氨水冲洗,再涂上烫伤膏或凡士林。如伤处皮肤已破,可涂质量分数为10%的高锰酸钾溶液。

(3)强酸(或强碱)腐蚀:若眼上或皮肤上溅着强酸(或强碱),应立即用大量水冲洗,然后用饱和碳酸氢钠溶液(或硼酸溶液)冲洗,最后再用水冲洗。

(4)吸入刺激性气体或有毒气体:吸入氯气、氯化氢气体,可吸入少量酒精和乙醚的混合蒸气解毒;吸入硫化氢或一氧化碳气体,应立即到室外呼吸新鲜空气。注意:氯、溴中毒,不可进行人工呼吸;一氧化碳中毒不可使用兴奋剂。

(5)受溴、磷灼伤:被溴灼伤后先用水冲洗,然后用苯或甘油洗,再用水洗。被白磷灼伤,用质量分数为5%的硫酸铜溶液冲洗,然后用经硫酸铜溶液润湿的纱布覆盖包扎。

(6)毒物进入口内:把5~10 mL 稀硫酸铜溶液加入一杯温水中,内服后用手指伸入咽喉部,促使呕吐,以排出毒物,然后立即送医院。

(7)触电:迅速切断电源,必要时进行人工呼吸。

(8)起火:起火后,应立即针对起火原因选用合适的灭火方法。若因酒精、苯或乙醚等引起着火,火势较小时用湿布、石棉布或沙子覆盖灭火,火势大时用泡沫灭火器灭火。若遇电器设备起火,必须先切断电源,再用二氧化碳灭火器、四氯化碳灭火器。在灭火的同时,要迅速移走易燃、易爆物品,以防火势蔓延。实验人员衣服着火时,切勿惊慌乱跑,应赶快脱下衣服或用石棉布覆盖着火处。

无机化学实验中的常用仪器

无机化学实验中常用的仪器及其规格、用途、注意事项见表1-1所列。

表1-1　无机化学实验中常用的仪器及其规格、用途、注意事项

仪　器	规　格	用　途	注意事项
普通试管　离心试管	试管多数以容量（单位为 mL）表示，可分为普通试管和离心试管两种	用作少量试剂的反应容器，便于操作和观察；离心试管与离心机配套使用，可用于定性分析中的沉淀分离	可直接用火加热；加热后不能骤冷；离心分离时，离心试管应对称放置，以防损坏离心机转子
烧杯	以容量（单位为mL）表示，如25 mL、50 mL、100 mL、150 mL、200 mL、250 mL、400 mL等；外形有低型烧杯、高型烧杯和三角烧杯两种	用作盛放试剂和反应物量较多时的反应容器；反应物易混合均匀	加热时应放置在石棉网上，使其受热均匀；杯内的待加热液体不要超过总体积的2/3。加热腐蚀性液体时杯口应盖表面皿
量筒　量杯	以所能量取的最大容量（单位为 mL）表示，如 5 mL、10 mL、25 mL、50 mL、100 mL等	用于量取一定体积的液体	不能加热，不能用作反应容器
锥形瓶	锥形瓶分有塞、无塞和广口、细口等，以容量（单位为 mL）表示，如50 mL、100 mL、150 mL、200 mL等	反应容器，振荡很方便，适用于滴定操作	加热时应放置在石棉网上，使受热均匀，且先将外壁水擦干

（续表）

仪 器	规 格	用 途	注意事项
广口瓶	磨口,分无色、棕色瓶,以容量(单位为 mL)表示,如 60 mL、 125 mL、 250 mL、500 mL 等	盛放固体药品,收集气体的集气瓶	不能加热;不能盛碱性物质,不能用作反应容器;瓶和瓶塞配套,不能互换
细口瓶　滴瓶	磨口,分无色、棕色瓶,以容量(单位为 mL)表示,如 60 mL、 125 mL、 250 mL、500 mL 等	盛放液体试剂或溶液,用于方便取用少量液体	不能直接在滴瓶中配制溶液;滴瓶和滴管配套,不能互换,以免交叉污染;滴管不能吸得太满,不能倒置
称量瓶	以外径(单位为 mm)×高(单位为 mm)表示,分扁形和筒形两种	要求准确称取一定量的固体时用	不能直接用火加热;盖子和瓶子配套,不能互换
容量瓶	以刻度以下的容量(单位为 mL)大小表示	配制一定体积的溶液时用;配制时液面应恰好在刻度线上	不能加热;瓶塞与瓶子不能互换
普通漏斗　长颈漏斗	以口径(单位为 mm)大小表示,如 30 mm、 40 mm、 60 mm 等;类型有普通漏斗和长颈漏斗两种	主要用于过滤等操作;长颈漏斗特别适用于定量分析中的过滤操作	不能用火直接加热

（续表）

仪 器	规 格	用 途	注意事项
蒸发皿	蒸发皿可分为瓷、石英、铂等材质；有有柄和无柄两种，以容量（单位为mL）表示，如100 mL、125 mL等；或以口径（单位为mm）表示，如80 mm、95 mm等	蒸发液体用，根据液体性质的不同可选用不同材质的蒸发皿	能耐高温，但不宜骤冷；蒸发溶液时，一般放在石棉网上加热
表面皿	以口径（单位为mm）表示，如60 mm、70 mm、90 mm等	主要用作烧杯的盖，也可在分析实验中做气室或点滴反应板用	不能用火直接加热
坩埚	可分为瓷、石英、铁、银等材质；以容量（单位为mL）表示，如15 mL、20 mL、30 mL、50 mL等	常用于重量分析中灼烧沉淀	可直接用火加热或灼烧至高温；灼烧的坩埚不要直接放在桌上，也不宜骤冷
泥三角	由铁丝弯成，套有瓷管，有大小之分	用于灼烧坩埚时放置坩埚，使用时放置于铁圈或三脚架上	使用前应检查铁丝是否断裂，如发现断裂就不能使用；防止摔落击碎
研钵	以口径大小表示；材质有瓷、玻璃、玛瑙或铁之分	用于研磨固体物质，按固体的性质和硬度选用不同的研钵	不能用火直接加热
吸滤瓶 布氏漏斗	布氏漏斗为瓷质，以容量（单位为mL）或口径大小表示；吸滤瓶以容量大小表示	两者配套使用能用于无机制备中晶体或沉淀物的减压过滤；利用水泵或真空泵降低吸滤瓶中的压力，从而加速过滤	滤纸要略小于漏斗的内径；先开水泵，后过滤；过滤完后，先分开水泵与吸滤瓶的连接处，后关水泵

（续表）

仪　器	规　格	用　途	注意事项
药匙	由牛角、瓷、不锈钢或塑料制成,多为塑料制品	拿取固体药品用;药匙两端各有一个匙,一大一小;根据药量的大小分别选用	取用一种药品后,必须洗净,并用滤纸擦干后,才能取用另一种药品
试管刷	以大小和用途表示,如试管刷、滴定管刷等	用于洗刷玻璃仪器	小心刷子顶端的铁丝打破玻璃仪器
试管架	试管架有木制、塑料和铝制的	用于放置试管	远离火源,避免燃烧或熔化
洗瓶	塑料制品,一般容量为 500 mL	盛装蒸馏水或去离子水,用于配制溶液、清洗器皿等	瓶塞旋紧,以免漏气;保持清洁,避免污染
酒精灯	以容量（单位为 mL）表示,如 150 mL、250 mL 等	用于加热	酒精的盛装量以容量的1/3～2/3为宜;熄灭时,盖上盖子隔绝空气即可;酒精灯熄灭后,将盖子打开再盖上。酒精灯不可口对口引燃,以免发生火灾
三脚架	铁制品,有大小、高低之分,比较牢固	用于放置较大或较重的加热容器	—

（续表）

仪 器	规 格	用 途	注意事项
石棉网	方形铁丝网,中间为圆形石棉饼,以石棉饼直径(单位为 cm)表示,如 10 cm、15 cm等	加热用,避免火焰直接与被加热物体接触,使之均匀受热	不可卷曲或折叠;不可用水清洗
坩埚钳	铁制镀铬制品,有长短大小之分	夹取高温下的坩埚	使用时应先将坩埚钳的尖端预热;放置时尖端向上,以保证钳尖端干净
试管夹	木制或金属制品,形状大同小异	用于夹持试管进行加热	夹持位置不能太靠管口或管底,一般距管口 2 cm 为宜;夹取或取下试管应从底部开始
干燥器	以外径(单位为 mm)大小表示。类型有普通干燥器和真空干燥器两种	内放干燥剂,可保持样品或产物的干燥	防止盖子滑动打碎;红热的物品待稍冷后才能放入

第二章 实验基本操作与数据处理

基本操作

一、玻璃仪器的洗涤和干燥

1. 玻璃仪器的洗涤

为了使实验得到正确的结果,实验仪器必须洗干净,一般有如下方法:在试管(或量筒)内倒入约占试管总量 1/3 的自来水振荡(见图 2-1),再倒掉试管中的水,然后用少量蒸馏水冲洗 1 次(必要时可增加冲洗次数),试管即可用来做实验。试管如用水冲洗不能洗干净时,可用试管刷刷洗(见图 2-2),再用自来水洗干净,最后用蒸馏水冲洗 1~2 次才可使用。

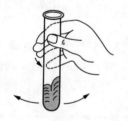 

图 2-1 振荡试管示意图 图 2-2 试管刷刷洗试管示意图

洗涤其他玻璃仪器,一般与上述方法相同,但对附有不溶于水的碱、碳酸盐、碱性氧化物可先用 $6 \ mol \cdot L^{-1}$ 盐酸溶解,再用水冲洗;对于口小、管细的仪器,可用少量王水(体积比为 1:3 的浓硝酸和浓盐酸的混合液)刷洗。

此外,还可根据黏附在器壁上的某种物质的性质"对症下药",采用适当的药品来处理,如以下几种情况。

(1)黏附在器壁上的二氧化锰、氢氧化铁用盐酸处理。

(2)附在器壁上的硫黄用煮沸的石灰水清洗,反应方程式如下:

$$3Ca(OH)_2 + 8S == 2CaS_3 + CaS_2O_3 + 3H_2O$$

（3）钡或银附在器壁上用硝酸处理，难溶的银盐可以用硫代硫酸钠溶液洗涤。

（4）固态硫酸钠或硫酸氢钠残留在容器内，加水煮沸使之溶解，并趁热倒出。

（5）煤焦油污迹可用浓碱浸泡一段时间（约 1 d），再用水冲洗。

（6）瓷研钵的洗涤方法：取少量食盐放在研钵内研洗，倒去食盐，再用水洗。

（7）蒸发皿和坩埚上的污迹可用浓硝酸或王水洗涤。

2. 仪器的干燥

（1）加热烘干。洗净的仪器，把水倒尽后放在鼓风干燥箱内烘干或放在气流烘干器上用热风吹干（温度控制在 105 ℃ 左右）。放在干燥箱内的仪器，口应朝上，以免水珠落入干燥箱而损坏电炉丝。木塞、橡皮塞不能与仪器一同干燥，玻璃塞虽可与仪器同时干燥，但应从仪器上取下来，放在一旁，否则烘干后容易卡住。

烧杯、蒸发皿等也可置于石棉网上，用小火烤干（容器外壁的水应先烤干）。试管则可直接用火烤干，但试管口要向下倾斜，以免水珠倒流炸裂试管。烘干时，火焰不能集中在一个部位，应先从底部开始加热，慢慢移至试管口，反复数次，直到无水珠；然后再将管口朝上烤，把水汽烤尽。

（2）晾干和冷风吹干。洗净的仪器如不急用，可放置干燥处，任其自然晾干。带有刻度的计量仪器或急用仪器可以采用有机溶剂法，即将易挥发的有机溶剂（酒精、丙酮等）倒入已洗净的仪器中，倾斜并转动仪器，使仪器的水与有机溶剂互溶，然后倒出，再自然晾干或用冷风吹干。

二、灯和电炉的使用

1. 酒精灯

酒精灯的构造如图 2-3 所示，其为玻璃制器，有一个带有磨口的玻璃帽（也有用塑料帽的）。酒精易燃，使用时应特别注意安全，点燃酒精灯要用火柴，切不可用已燃的酒精灯去点燃，以免灯内的酒精泼出，引起燃烧，从而发生火灾事故。

往酒精灯内添加酒精时，应先把火焰熄

图 2-3 酒精灯的构造

灭,然后借助漏斗把酒精加入酒精灯内,但注意酒精灯内的酒精最多只能装酒精灯总容量的 2/3。酒精灯不用时,立即盖上盖子,熄灭火焰,而不能用嘴去吹灭。

2. 酒精喷灯

酒精喷灯为金属制品,有座式和挂式等多种形式,如图 2-4 所示。其中挂式酒精喷灯最为安全,它是常用的高温加热装置。挂式酒精喷灯是由金属制的喷灯和酒精贮罐两部分组成。使用时,先在灯管下部的预热盘中注满酒精,点燃,待盘内酒精烧至灼热时,打开开关,酒精贮罐中的酒精进入喷灯。由于燃烧过程中灯管始终被加热,流入灯管的酒精因汽化而维持燃烧。调节灯管旁的开关螺栓,可以控制火焰大小。用毕,向右旋紧开关,可使灯焰熄灭。

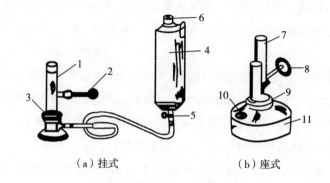

（a）挂式　　　　　　（b）座式

1—灯管;2—空气调节器;3—预热盘;4—酒精贮罐;5—开关;6—上盖;

7—灯管;8—空气调节器;9—预热盘;10—铜帽;11—酒精壶。

图 2-4　酒精喷灯的类型和构造

必须注意:(1) 在开启开关,点燃酒精灯以前,喷灯的灯管必须已烧至灼热,否则酒精在灯管内不能完全汽化,导致有液态酒精从管口喷出,形成"火雨",进而可能引起火灾。因此开始时应将酒精贮罐开关开小些,待火焰正常时,再根据需要调大。(2) 不用时,必须关好酒精贮罐开关,以免酒精漏失,造成危险。

3. 电炉、电热套、马弗炉和管式电阻炉

电炉示意图如图 2-5 所示,其是一种用电热丝将电能转换为热能的装置。电炉的温度高低可以通过调节电阻来控制,使用时容器和电炉之间要隔一块石棉网,以保证受热均匀。

电热套示意图如图 2-6 所示,其电热丝已用绝缘的玻璃纤维包裹,能保证受热均匀,同时加热容器面积增大,节省能量。

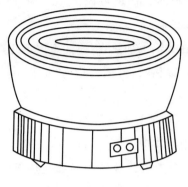

图 2-5　电炉示意图　　　　图 2-6　电热套示意图

　　马弗炉示意图如图 2-7 所示,其是用电热丝或硅碳棒加热的密封炉子。炉膛是用耐高温材料制成的长方体腔室。一般电热丝使用的最高温度为 950 ℃,硅碳棒为 1300 ℃。炉内温度是用热电偶和毫伏表组成的高温计测量,并用控制器控制加热温度。当炉温升至所需温度时,控制器就切断电源,当炉温低于要求控制的温度时又把电源接通。使用马弗炉时,待加热的物质都必须放在能耐高温的容器(如坩埚)中,不能直接放在炉膛上,同时不能超过最高允许温度。

　　管式电阻炉示意图如图 2-8 所示,在使用管式电阻炉时,加热物体应放在瓷管或石英管中。

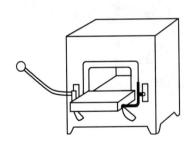

图 2-7　马弗炉示意图　　　　图 2-8　管式电阻炉示意图

三、实验室的加热方法

1. 直接加热法

　　当试样盛放在金属容器或坩埚中,可用水直接加热。当试样在烧杯、烧瓶中,加热试样时应将容器外壁的水擦干,同时必须放在石棉网上,如图 2-9 所示;否则,容器容易因受热不均而破裂,其中的试样也可能由于局部过热而分解。如试样为液体,还应适时搅拌,以防爆沸。

加热试管中的液体试样,一般可直接在火焰上加热,但应注意以下几点:

(1)应该用试管夹夹住试管的中上部(微热时,可用拇指、食指和中指夹持试管)。

(2)试管应稍微倾斜,管口向上,以免烧坏试管夹或烧伤手指。

(3)应使液体各部分受热均匀,先加热液体中上部,再慢慢往下移动,同时不停地上下移动,不要集中加热某一部分,否则将使液体因局部受热而骤然产生蒸汽,将液体冲出管外。

(4)不要将试管口对着别人或自己,以免溶液溅出时把人烫伤。

加热试管中的固体试样时,必须使试管口稍微向下倾斜,以免凝结在试管上的水珠流到灼热的管底而使试管炸裂。试管可用试管夹夹持起来加热,有时也可用铁夹固定起来加热,如图 2-10 所示。

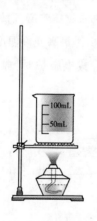
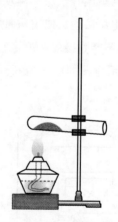

图 2-9　加热烧杯　　　　图 2-10　加热试管中的固体

2. 水浴加热法

当被加热的物质均匀受热,且所需温度不超过 100 ℃时,可使用水浴加热。在蒸发皿中蒸发浓缩溶液时,一般利用蒸汽加热,如果加热的容器是锥形瓶、烧杯或试管等,可直接浸入水中进行水浴加热,但不要触及底部。在一些实验中可用盛水的大烧杯代替水浴锅。应注意,水浴锅中的水量不能超过其总容量的 2/3,并应随时补加少量热水,防止锅内的水烧干。

3. 油浴加热法

加热温度在 100 ℃ 以上或 250 ℃ 以下时,可用油浴加热。油浴的优点除了加热均匀外,其温度也容易控制在一定范围内。常用的油类有液体石蜡、棉籽油、硬化油(如氢化棉籽油)等。油浴中应悬挂温度计,以便控制温度。容器内试样的温度一般要比油浴温度低 20 ℃ 左右。使用油浴时,要特别小心,防止着火。加热完毕后,将容器提出油液面,待附着在容器外壁上的油尽量流完后,用纸或干布把容器擦净。

4. 沙浴加热法

沙浴加热法是取一个装有细沙的铁盘,将被加热的容器的下部埋在细沙中进行加热的方法。一般用煤气灯加热,温度可加热到 350 ℃。

四、试剂的取用法

1. 液体试剂的取法

(1) 从平顶瓶塞试剂瓶中取用试剂的方法

液体试剂通常盛放在细口的试剂瓶中,见光易分解的试剂如硝酸银等,应盛放在棕色瓶中。试剂瓶的瓶塞一般都是磨口的,最常用的是平顶瓶塞试剂瓶。从平顶瓶塞试剂瓶中取用试剂时,应先取下瓶塞并仰放在台上,用左手的

大拇指、食指和中指拿住容器(如试管、量筒等),用右手拿起试剂瓶并注意使试剂瓶上的标签对着手心,倒出所需量的试剂;倒完后,应该将试剂瓶口在容器上靠一下,再使试剂瓶竖直,这样可以避免遗留在瓶口的试剂流到试剂瓶的外壁,如图 2-11 所示。必须注意,倒完试剂后应将瓶塞立刻盖在原来的试剂瓶上,把试剂瓶放回原处,并使瓶上的标签朝外。

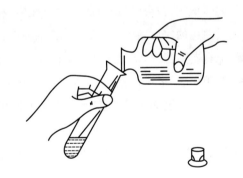

图 2-11　从平顶瓶塞试剂瓶中取用试剂的示意图

(2) 从滴瓶中取少量试剂的方法

瓶上装有滴管的试剂瓶称为滴瓶,滴管上部装有橡皮头,下部为细长的管子。使用时,提起滴管,使管口离开液面,用右手指紧捏橡皮头,以赶出滴管中

的空气,然后把滴管伸入试剂瓶中,放开手指,吸入试剂并滴入试管或烧杯中。

使用滴瓶时,必须注意如下几点:

① 将试剂滴入试管时,应用无名指和中指夹住滴管,将它悬空地放在靠近试管的上方,如图2-12所示。然后用大拇指和食指钳紧橡皮头,使试剂滴入试管中。需注意的是,禁止将滴管伸入试管中;否则,滴管的管端很容易因碰到试管壁上而黏附其他溶液,如果再将此滴管放回滴瓶中,则滴瓶中的试剂将被污染,不能再使用。

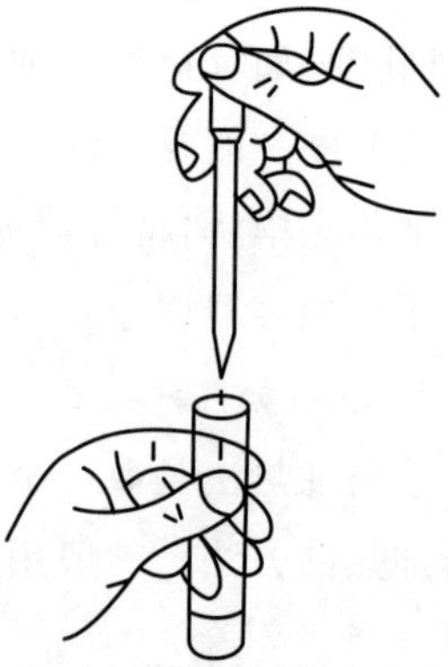

② 滴瓶上的滴管只能专用,不能和其他滴瓶上的滴管互混。因此,用后应立刻将滴管插回原来的滴瓶中。

图 2-12　用滴管将试剂加入试管中的示意图

③ 取用试剂时,不能将滴瓶拿到自己面前,不能随便挪动滴瓶在试剂架上的固定位置。

④ 滴管从滴瓶上取出试剂后,应保持橡皮头在上,不要平放或斜放,以防滴管中的试剂流入橡皮头,造成橡皮头腐蚀,使试剂污染。

2. 固体试剂的取法

固体试剂常存放在磨口的小广口瓶中,根据试剂是否见光易分解,分别装在棕色或白色的广口瓶中,并贴上标签以注明试剂名称。取用固体试剂时,每种试剂都配有专用药匙,常见药匙材质有塑料、不锈钢和牛角。两端为大小两个匙,取量多的用大匙,量小的用小匙,应根据实验时需用量多少采用不同匙端,不要多取。用过的药匙必须洗净擦干后才能再使用。取出试剂后,一定要把瓶塞盖严(注意不要盖错盖子),然后将试剂瓶放回原处。要求取用一定质量的固体试剂时,可把固体试剂放在干燥的纸上称量。具有腐蚀性或易潮解的固体试剂应放在表面皿上或玻璃容器内称量。往试管(特别是湿试管)中加入固体试剂时,可用药匙或将取出的固体试剂放在对折的纸片上,伸进试管约2/3处。加入块状固体试剂时,应将试管倾斜,使其沿管壁慢慢滑下,以免碰破管底。

五、沉淀的分离和洗涤

1. 普通过滤(常压过滤)和洗涤沉淀的方法

当溶液中有沉淀而又要把它与溶液分离时,常用过滤法。过滤前,先将滤纸按如图 2-13 所示虚线的方向对折两次,然后用剪刀剪成扇形。如果滤纸是圆形的,只需将滤纸对折两次即可。把滤纸折成圆锥体,一边为三层,另一边为一层,放入玻璃漏斗中。滤纸放进漏斗后,其边缘应略低于漏斗的边缘(漏斗的角度应该是 60°,这样滤纸就可以完全贴在漏斗壁上。如果漏斗角度略大于或略小于 60°,则应适当改变滤纸折叠的角度,使之与漏斗角度相适应),然后用手按着滤纸,由洗瓶挤出少量蒸馏水把滤纸湿润,轻压滤纸四周,使其紧贴在漏斗上。

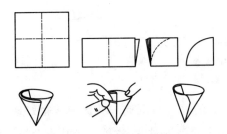

图 2-13　滤纸的折叠法

将贴有滤纸的漏斗放在漏斗架上,把清洁的烧杯放在漏斗下方,并使漏斗颈尖端与烧杯壁接触,这样滤液可顺着杯壁流下,不至于溅开。将含有沉淀的溶液沿着玻璃棒靠近三层滤纸这一边缓缓倒入漏斗中,如图 2-14 所示,溶液滤完后,由洗瓶挤出少量蒸馏水,洗涤烧杯和玻璃棒,再将此溶液倒入漏斗中,等溶液滤完后,由洗瓶挤出少量蒸馏水,冲洗滤纸和沉淀。过滤时必须注意,倒入漏斗中的液体,其液面应低于滤纸边缘 1 cm,切勿超过。

为了使过滤操作进行得较快,一般都采用倾析法过滤。倾析法过滤的方法如下:过滤前,先让沉淀尽量沉降。过滤时,不要搅动沉淀,先将沉淀上面的清液小心地沿玻璃棒倒入漏斗中的滤纸上,待上层清液滤完后,再把沉淀转移到漏斗中的滤纸上,这样过滤速度就不会因滤纸小孔被沉淀堵塞而减慢。最后,由洗瓶吹出少量蒸馏水,洗涤沉淀 1~2 次。

有时为了充分洗涤沉淀,可采用倾析法洗涤,如图 2-15 所示。倾析法洗涤的方法如下:先让烧杯中的沉淀沉降,然后将上层清液沿玻璃棒小心倾入另一容器或漏斗中,或将上层清液倾去,让沉淀留在烧杯中,由洗瓶挤入蒸馏水,并用玻璃棒充分搅动,然后让沉淀沉降。用上面同样的方法将清液倾出,让沉淀仍留在烧杯中,再由洗瓶挤入蒸馏水进行洗涤,这样重复数次。

图 2-14　常压过滤

图 2-15　倾析法洗涤沉淀

用倾析法洗涤沉淀的好处是沉淀和洗涤液能很好地混合,杂质容易洗净;沉淀在烧杯中,只倾出上层清液过滤,滤纸的小孔不会被沉淀堵塞,洗涤液容易滤过,洗涤沉淀的速度较快。

2. 吸滤法过滤(减压法过滤或抽气法过滤)

为了加速过滤,常用吸滤法过滤。吸滤装置如图 2-16 所示,它由吸滤瓶、布氏漏斗、安全瓶和水压真空抽气管(亦称水泵)组成。水泵一般是装在实验室中的自来水龙头上。

布氏漏斗是瓷质的,中间具有许多小瓷孔,以便溶液通过滤纸从小孔流出。布氏漏斗必须装

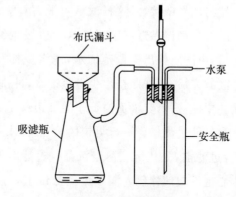

图 2-16　吸滤装置

在橡皮塞上,橡皮塞的大小应和吸滤瓶的口径相吻合,橡皮塞插进吸滤瓶的部分一般不超过整个橡皮塞高度的 1/2。如果橡皮塞过小而几乎能全部塞进吸滤瓶,则在吸滤时整个橡皮塞易被吸进吸滤瓶而难以取出。

吸滤瓶的支管和安全瓶的短管通过橡皮管相连接,而安全瓶的长管则和水泵相连接,其中安全瓶的作用是防止水泵中的水产生溢流而倒灌入吸滤瓶中。这是因为在水泵中的水压有变动时,常会有水溢流出来。发生这种情况时,可

将吸滤瓶拆开,将安全瓶中的水倒出,再重新把它们连接起来。如不要滤液,也可不用安全瓶。

吸滤操作,必须按照下列步骤进行:

(1)做好吸滤前的准备工作,检查装置。安全瓶的长管接水泵,短管接吸滤瓶;布氏漏斗的颈口应与吸滤瓶的支管相对,便于吸滤。

(2)贴好滤纸。滤纸的大小应比布氏漏斗的内径略小,以能恰好盖住瓷板上的所有小孔为宜。先由吸瓶吹出少量蒸馏水润湿滤纸,再开启水泵,使滤纸紧贴在漏斗的瓷板上,然后才能进行过滤。

(3)过滤时,应采用倾析法。先将澄清的溶液沿玻璃棒倒入漏斗中,滤完后再将沉淀移入滤纸的中间部分。

(4)过滤时,吸滤瓶内的滤液面不能达到支管的水平位置,否则滤液会被水泵抽出。因此,当滤液快上升至吸滤瓶的支管处时,应拔去吸滤瓶上的橡皮管,取下漏斗,从吸滤瓶的上口倒出滤液后,再继续吸滤。但必须注意,从吸滤瓶的上口倒出滤液时,吸滤瓶的支管必须向上。

(5)在吸滤过程中,不得突然关闭水泵。如欲取出滤液或需要停止吸滤,应先将吸滤瓶支管拆下,再关上水泵;否则,水将倒灌,进入安全瓶。

(6)在布氏漏斗内洗涤沉淀时,应停止吸滤。让少量洗涤剂缓慢通过沉淀,然后进行吸滤。

(7)为了尽量抽干漏斗上的沉淀,最后可用一个平顶的试剂瓶塞挤压沉淀。

(8)过滤完后,应先将吸滤瓶支管的橡皮管拆下,关闭水泵;再取下漏斗,将漏斗的颈口朝上,轻轻敲打漏斗边缘,即可使沉淀脱离漏斗,落入预先准备好的滤纸上或容器中。

用吸滤法过滤时,除了布氏漏斗以外,还常用玻璃砂芯漏斗和玻璃砂芯坩埚,如图 2-17 和图 2-18 所示。

图 2-17 玻璃砂芯漏斗   图 2-18 玻璃砂芯坩埚

玻璃砂芯漏斗和玻璃砂芯坩埚是带有微孔玻璃砂芯底板的过滤器,按微孔大小的不同分成 1~6 号,号数愈大,微孔愈小。根据沉淀颗粒的大小,可选择不同号数,最常用的是 3 号与 4 号。

3. 试管中沉淀与溶液的分离以及沉淀的洗涤方法

试管中少量溶液与沉淀的分离可以采用下法:将溶液静止片刻,让沉淀沉降在试管底。取一只滴管用手捏紧橡皮头,将滴管的尖端插入液面以下,但不接触沉淀,然后缓缓放松橡皮头,尽量吸出上面清液,同时注意不要将沉淀吸入管中。

如要洗涤试管中存留的沉淀,可由洗瓶吹入少量蒸馏水,用玻璃棒搅拌,静止片刻,使沉淀沉降,再按上法将上层清液尽可能地吸尽,重复洗涤沉淀 2~3 次。

4. 离心分离法

少量溶液和沉淀物分离时,采用离心分离法。将盛有样品的离心试管放入离心机的试管套内,在离心机的高速旋转下,沉淀受离心力的作用,向离心试管的底部移动且积聚于管底,上方即可得到澄清的溶液。

实验室常用的离心器是电动离心机,如图 2-19 所示。使用时将装有试样的离心试管放在离心机的套管中,为使离心机旋转时保持平衡,离心试管要两两对称放置,如果只有一个试样,则在对称的位置上放一支离心试管,内装等量的水。

电动离心机的转动速度很快,使用时要注意安全。放好离心试管后,盖好盖子。开始时把变速器调至最低档,然后逐渐加速(一般转速适中后即可,不必过

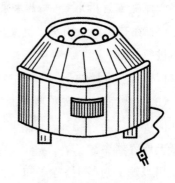

图 2-19　电动离心机

高)。离心停止时,任其自然停止转动,切不可用手强制其停转。离心沉降后,需将溶液和沉淀分离时,用左手斜持离心试管,右手拿滴管,用手指捏紧滴管的橡皮头以排除其中的空气,然后轻轻地将滴管插入溶液中(注意不可使滴管触及沉淀),这时慢慢减小手对橡皮头的挤压力量,清液即被吸入滴管中。随着离心试管中清液的减少,滴管逐渐下移,至清液全部被吸出并转移到接收器中为止。

六、溶解与结晶

1. 固体的溶解

固体颗粒较大时,在溶解前应先进行粉碎,少量固体可在洗净和干燥的研钵中进行,所盛固体一般不超过研钵容量的 1/3。

溶解固体时,常用搅拌、加热等方法加快溶解速度,加热时应注意被加热物质的稳定性,以选用不同的加热方法。

2. 蒸发与浓缩

一般是在水溶液上进行,若溶液太稀,可先放在石棉网上直接加热蒸发,再放在水浴上加热蒸发,蒸发的快慢不仅和温度的高低有关,而且和被蒸发液体的表面大小有关,常用的蒸发容器是蒸发皿,蒸发皿内所盛的液体量一般不超过其容量的 2/3。

3. 重结晶

将待提纯的物质溶解在适当的溶剂中,除去杂质离子,滤去不溶物质后,再进行蒸发浓缩。浓缩到一定浓度的溶液,经冷却就会有晶体析出,析出晶体颗粒的大小与溶液浓度、溶质的溶解度和冷却速度等有关。如果溶液浓度较高,溶质的溶解度较小,冷却得较快,并不时搅拌溶液,摩擦容器壁,则析出晶体就较小;如果溶液浓度不高,投入一小粒晶体后并缓慢冷却(如放在温水浴上冷却),这样就能得到较大的晶体。

晶体颗粒的大小要适当,颗粒较大且均匀的晶体夹带母液较少,易于洗涤;晶体太大且大小不匀时,易形成稠厚的糊状物,带母液较多,不宜洗净,且母液中剩余的溶质较多,损失较大,所以结晶颗粒大小适宜且较为均匀,有利于物质的提纯。如果剩余母液太多,还可再进行浓缩、结晶,但晶体的纯度不如第一次高。当结晶所得物质的纯度不合要求时,可重新加入尽量少的溶剂溶解晶体,经蒸发后再进行结晶,这样可提高晶体的纯度,但产率则相应较低。

七、量筒和容量瓶的使用方法

1. 量筒

量筒是量取液体试剂的量具,它是一种具有刻度的玻璃圆筒,量筒的容量分为 10 mL、50 mL、100 mL、500 mL、1000 mL 等数种。使用时,把要量取的液体注入量筒中,手拿量筒的上部,让量筒竖直,使量筒内液体凹面的最低处与视线保持水平,然后读出量筒上的刻度,即得到液体的体积,量筒的读数法如图2-20所示。

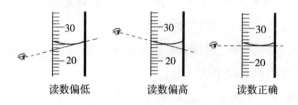

读数偏低　　　　读数偏高　　　　读数正确

图2-20　量筒的读数法

在某些实验中,如果不需要十分准确地量取试剂,可以不必每次都用量筒,只要学会估计从试剂瓶内倒出液体的量即可。例如,知道 2 mL 液体占一支15 mL试管总容量的几分之几,移取 2mL 液体应该由滴管中滴出多少滴液体。

2. 容量瓶

容量瓶是用来配制一定体积和一定浓度溶液的量具。例如,用来配制一定体积的一定物质的量的浓度的溶液,在容量瓶的颈部有一刻度线,在一定温度时,瓶内达刻度线的液体的体积是一定的。图2-21所示为 20 ℃时容量为 100 mL 的容量瓶。使用时,先将容量瓶洗净,再将一定量的固体溶质放在烧杯中,加少量蒸馏水溶解。将此溶液沿着玻璃棒小心地倒入容量瓶中,再用少量蒸馏水洗涤烧杯和玻璃棒数次,洗涤液亦需倒入容量瓶中,然后加水到刻度线。必须注意,当液面快接近刻度线时,应该用滴管小心地逐滴将蒸馏水加到刻度线,最后塞紧瓶塞,用右手拇指按住瓶塞,左手手指托住瓶底,将容量瓶反复倒置并加以振荡,以保证溶液的浓度完全均匀。

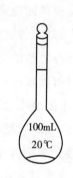

图2-21　容量瓶

八、滴定管和移液管的使用方法

1. 滴定管

滴定管分酸式滴定管和碱式滴定管两种(见图2-22)。酸式滴定管下端具有玻璃塞,开启旋塞,酸液即自管内滴出,如图2-22(a)所示。使用前,先检查旋塞是否漏水,如发现漏水或者旋塞旋转不灵活,则将旋塞取下,洗净,并用滤纸将水吸干,然后在旋塞大的一端和小的一端涂上很薄一层凡士林(如果涂得太多,容易将旋塞的小孔堵塞)。再将旋塞塞好,旋转几下,使凡士林均匀地涂在磨口上,最后再检查旋塞是否漏水。

碱式滴定管由管身和滴定头两部分组成,二者用乳胶管相连,乳胶管中放置一颗玻璃珠,如图 2 - 22(b)所示。用拇指和食指轻轻将玻璃珠挤向一侧,便可形成空隙,滴定溶液即可流出。控制用力大小,可控制流速。注意不可将玻璃珠向上或向下挤压,以免过度挤压使滴定管身或滴定头与乳胶管分离。

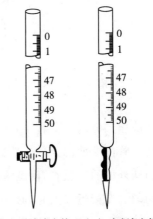

（a）酸式滴定管　（b）碱式滴定管

图 2 - 22　滴定管

滴定管的使用方法与步骤如下:

(1)洗涤

使用滴定管前先用自来水洗,再用少量蒸馏水淋洗 2~3 次。洗净后,管的内壁上应不附着液滴,如果有液滴,需先用洗衣粉洗涤,再用自来水、蒸馏水洗涤,最后用少量滴定用的标准溶液洗涤 3 次,以免加入滴定管内的标准溶液被管壁上的蒸馏水稀释而改变浓度。

(2)装液

将标准溶液加到滴定管中的刻度"0"以上,开启旋塞或挤压玻璃圆珠,把管内液面的位置调节到刻度"0"或略低于刻度"0",必须注意,滴定管下端不应留有气泡,否则会造成读数误差。因此,在滴定管装满溶液后,如果是酸式滴定管,可使滴定管倾斜(但不要使溶液流出),开启旋塞,气泡就容易被流出的溶液逐出;如果是碱式滴定管,可把乳胶管稍弯向上,然后挤压玻璃圆珠,气泡也可被流出的溶液逐出(见图 2 - 23)。

(3)滴定

用已知浓度的碱溶液标定未知浓度的酸溶液,在洗净的酸式滴定管中,装入未知浓度的酸溶液,赶走滴定管下端的气泡,记下液面读数。用右手持锥形瓶,用左手的大拇指、食指和中指旋转旋塞,如图 2 - 24 所示,慢慢而准确地加入25.00 mL未知浓度的酸溶液,加入 2~3 滴酚酞指示剂。

图 2-23　碱式滴定管逐去气泡法　　　　图 2-24　滴定法

在洗净的碱式滴定管中,装入已知浓度的碱溶液,赶走滴定管下端的气泡,记下滴定管内液面的读数。然后用右手持锥形瓶,用左手的大拇指和食指挤压玻璃圆珠外面的乳胶管,使碱溶液逐滴滴入瓶内,同时不断摇动锥形瓶,使溶液混合均匀。在接近终点时,必须严格控制滴定的速度,务必使碱液一滴一滴地滴下,直到最后一滴碱液滴入瓶中,溶液由无色变为粉红色,而且经摇动在半分钟内不再消失时即可认为已达终点。

(4)读数

常用滴定管的容量为 50 mL,每一大格为 1 mL;每一大格又分为 10 小格,每一小格为 0.1 mL,管中液面未知读数可读到小数点后两位,如 24.42 mL。读数时,视线应与管内液体凹面的最低处保持水平,偏高或偏低都会带来误差。读数时,可在滴定管液体凹面的后面衬一张白纸,以便于观察。

2. 移液管

移液管可用来准确地移取一定体积的液体。在一定的温度下,移液管标线至下端出口间的容量是一定的,根据不同需要,可选择容量不同的移液管。

移液管的使用方法如图 2-25 所示,具体操作如下:

(1)依次用自来水、蒸馏水洗涤(必要时应先用铬酸洗液洗涤),最后用少量要移取的液体洗涤 3 次。

(2)用右手把移液管的尖端伸入要移取的液体中,用左手拿洗耳球,吸取溶液,当溶液吸至标线以上时,马上用右手食指按住管口,然后稍微放松食指,同时以拇指和中指转动管身,使液面平稳下降,直至液面的凹面最低处与移液管标线在同水平线上时,用食指把移液管按紧,如图 2-25(a)所示。

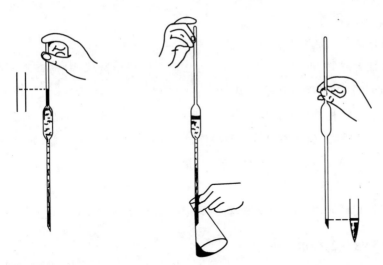

（a）用食指把移液管按紧　　（b）放松食指令液体自由流出　（c）移液管尖端剩余少量液体

图 2 - 25　移液管的使用方法

　　（3）使移液管的尖端靠在接收容器的内壁上,放松食指令液体自由流出,如图 2 - 25(b)所示,液体流完后,稍等片刻(约 15 s)再将移液管拿开,虽然此时移液管的尖端还会剩余少量液体[见图 2 - 25(c)],但不要将它吹入接收容器内,因为在校正移液管的体积刻度时,并未把这些液体计算在内。

九、托盘天平的结构与使用方法

1. 托盘天平

（1）使用前的检查工作

　　托盘天平的结构如图 2 - 26 所示,在使用前先将游码拨至刻度尺左端"0"处,观察指针摆动情况。如果指针在刻度尺上左右摆动的距离几乎相等,即表示托盘天平可以使用;如果指针在刻度尺上左右摆动的距离相差很大,则将调节零点的螺丝加以调节后方可使用。

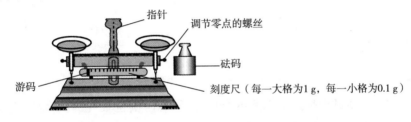

指针　　调节零点的螺丝

砝码

游码　　　　　　　刻度尺（每一大格为1 g，每一小格为0.1 g）

图 2 - 26　托盘天平的结构

（2）物品的称量

① 称量的物品放在左盘，砝码放在右盘。

② 先加大砝码，再加小砝码，最后（在 10 g 以内）用游码调节，至指针在刻度尺左右两边摇摆的距离几乎相等时为止。

③ 记下砝码和游码的数值至小数后第一位，相加即得所称物品的重量。

④ 称量药品时，应在左盘放上已经称过质量的洁净干燥的容器，如表面皿、烧杯等，再将药品加入容器中，然后进行称量。

（3）称量后的结束工作

称量后，把砝码放回砝码盒中，将游码退到刻度尺"0"处，取下盘上的物品。

十、几种试纸的使用方法

在实验室经常使用试纸来定性检验一些溶液的性质或某些物质是否存在，该方法操作简单，使用方便。

1. 试纸的种类

试纸的种类很多，实验室常用的有 pH 试纸、醋酸铅试纸和淀粉-KI 试纸。

（1）pH 试纸

pH 试纸用以检验溶液的 pH，一般有两类：一类是广泛 pH 试纸，变色范围从 pH=1 到 pH=14，用来粗略检验溶液的 pH；另一类是精密 pH 试纸，这种试纸在 pH 变化小时就有颜色的变化，可用来较精细地检验溶液的 pH。这类试纸有很多种，如变色范围从 pH=2.7 到 pH=4.7、pH=2.8 到 pH=5.4、pH=5.4 到 pH=7.0、pH=6.9 到 pH=8.4 和 pH=9.5 到 pH=12.0 等。

（2）醋酸铅试纸

醋酸铅试纸用以定性地检验反应中是否有 H_2S 气体产生（即溶液中是否有 S^{2-} 存在），该种试纸曾在醋酸铅溶液中浸泡过，使用时要用蒸馏水润湿试纸，将待测溶液酸化。如有 S^{2-}，则生成 H_2S 气体逸出，H_2S 气体遇到试纸，即溶于试纸上的水中，然后与试纸上的醋酸铅反应，生成黑色的 PbS 沉淀，反应方程式为

$$Pb(Ac)_2 + H_2S \xlongequal{\hspace{1cm}} PbS + 2HAc$$

PbS 沉淀使试纸呈黑褐色并有金属光泽（有时颜色较浅，但一定有金属光泽，这是很特殊的）。若溶液中 S^{2-} 的浓度较小，用此试纸就不易检出。

（3）淀粉-KI 试纸

淀粉-KI 试纸用以定性地检验氧化性气体（如 Cl_2、Br_2 等），试纸曾在淀粉-KI 溶液中浸泡过。使用时，用蒸馏水将试纸润湿，氧化性气体溶于试纸上的水中，将 I^- 氧化成 I_2，反应方程式为

$$2I^- + Cl_2 \longrightarrow I_2 + 2Cl^-$$

I_2 立即与试纸上的淀粉作用，使试纸变为蓝紫色。

注意：如果氧化性气体的氧化性很强，且气体又很浓，则有可能将 I_2 继续氧化成 IO_2^-，从而使试纸又褪色，这时不要误认为试纸没有变色，以致于得出错误的结论。

2. 试纸的使用方法及注意事项

（1）pH 试纸用法：将一块试纸放在点滴板上，用玻璃棒将待测溶液滴在试纸的中部，试纸即被待测溶液润湿而变色，不要将待测溶液直接滴在试纸上，更不要将试纸泡在溶液中。试纸变色后与色阶板比较，即可得出 pH 值或 pH 范围。

（2）醋酸铅试纸与淀粉-KI 试纸用法：将一小块试纸润湿后粘在玻璃棒的一端，然后用此玻璃棒将试纸放在试管口，如有待测气体逸出则变色；有时逸出的气体较少，可将试纸伸进试管测试，但要注意，勿使试纸接触溶液。

误差与数据处理

　　化学是一门实验科学，要进行许多定量的测定，如常数的测定、物质组成分析、溶液浓度分析等。这些测定有些是直接进行的，有些则是根据实验数据推演计算得出的。测定与计算结果的准确性如何，试验数据如何处理，都会遇到误差等有关问题。所以，树立正确的误差及有效数字的概念，掌握分析和处理实验数据的科学方法是十分必要的，下面仅就有关问题介绍一些基础知识。

一、数据误差

1. 准确度、精确度与误差

　　在定量分析测定时，对实验结果的准确度都有一定的要求。可是，绝对准确是没有的。在实验过程中，即使是技术很熟练的人，用最好的测定方法和仪器，对同一试样进行多次测定，也不可能得到完全一样的结果。在实验测定值与真实值之间总会产生一定的差值，这种差值越小，实验结果的准确度就越高；差值越大，实验结果的准确度就越低。所以，准确度表示实验结果与真实值接近的程度。此外，在实验中，常在相同条件下对同一样品进行几次测定，如果几次实验测定值彼此比较接近，就说明测定结果的精确度高；如果几次实验测定值彼此相差很多，则测定结果的精确度就很低。所以，精确度表示各次测定结果相互接近的程度，精确度与准确度是两个不同的概念，是实验结果好坏的主要标志。精确度高不一定准确度高，例如甲、乙、丙三人同时分析一瓶 NaOH 溶液的浓度（应为 $0.1234 \ mol \cdot L^{-1}$），测定 3 次，结果如下：

$$
甲 \begin{bmatrix} 0.1210 \\ 0.1211 \\ 0.1212 \end{bmatrix} \qquad 乙 \begin{bmatrix} 0.1230 \\ 0.1261 \\ 0.1286 \end{bmatrix} \qquad 丙 \begin{bmatrix} 0.1231 \\ 0.1233 \\ 0.1232 \end{bmatrix}
$$

平均值 0.1211	平均值 0.1259	平均值 0.1232
真实值 0.1234	真实值 0.1234	真实值 0.1234
差　值 0.0023	差　值 0.0025	差　值 0.0002

　　甲的分析结果精确度高，但准确度较低，平均值与真实值相差太大；乙的分析结果精确度低，准确度也低；丙的分析结果精确度和准确度都比较高。可见，精确度高不一定准确度高，而准确度高一定要精确度高。精确度是保证准确度的先决条件，因为精确度低时，测得几个数据彼此相差很多，根本不可信，也就

谈不上精确度了。所以,初学者进行实验时,一定要严格控制实验条件,认真仔细地操作,以得出精确度高的数据。

准确度的高低常用误差来表示,误差即实验测定值与真实值之间的差值。误差越小,表示测定值与真实值越接近,准确度越高。当测定值大于真实值时,误差为正值,表示测定结果偏高;若测定值小于真实值,则误差为负值,表示测定结果偏低。误差的表示方法有两种,即绝对误差与相对误差。绝对误差表示测定值与真实值之差,而相对误差表示绝对误差与真实值之比,即误差在真实值中所占的百分比。在上例中,甲、乙、丙三人测定结果的绝对误差与相对误差见表 2 - 1 所列。

表 2 - 1 甲、乙、丙三人测定结果的绝对误差与相对误差

	绝对误差	相对误差
甲	-0.0023	$\dfrac{-0.0023}{0.1234} \times 100\% = -2\%$
乙	+0.0025	$\dfrac{+0.0025}{0.1234} \times 100\% = +2\%$
丙	-0.0002	$\dfrac{-0.0002}{0.1234} = -0.2\%$

在实际工作中,由于不知道真实值,通常是进行许多次平行分析,求得其算术平均值,以此作为真实值,或者以公认的手册上的数据作为真实值。

2. 误差产生的原因

引起误差的原因很多,一般分为两类:系统误差与偶然误差。

(1) 系统误差

系统误差是由某种固定的原因造成的,它往往使测定结果系统偏高或偏低。系统误差包括:方法误差(由测定方法本身引起)、仪器和试剂误差(仪器不够精确,试剂不够纯)、操作误差(由操作者本人的原因引起)。

(2) 偶然误差

偶然误差是由一些难以控制的偶然因数造成的,如仪器性能的微小变化,操作人员对各份试样处理时的微小差别等。由于造成偶然误差的原因具有偶然性,所以偶然误差是可变的,有时大,有时小,有时正,有时负。

二、有效数字

在讨论了测量误差的大小问题后,随之而来的就是如何记录测量的结果,

如实地反映出误差的大小,这就要求树立正确的有效数字概念。

1. 有效数字概念

实验中,我们使用的仪器所标出刻度的精确程度总是有限的,例如 50 mL 量筒,最小刻度为 1 mL,在两刻度间可再估计一位,所以,实际测量读数能读至 0.1 mL,如 34.5 mL 等。若为 50 mL 滴定管,最小刻度为 0.1 mL,再估计一位,可读至 0.01 mL,如 24.78 mL 等。总之,在 34.5 mL 与 24.78 mL 这两个数字中,最后一位是估计出来的,是不准确的。通常把只保留最后一位不准确数字,而其余数字均为准确数字的这种数字称为有效数字。也就是说,有效数字是实际上能测出的包括最后一位估计的数字。

由上述可知,有效数字与数学上的数有着不同的含义。数学上的数只表示大小,有效数字则不仅表示量的大小而且反映了所用仪器的准确程度。例如,"取 NaCl 6.5 g",这不仅说明 NaCl 重 6.5 g,而且表明用感量 0.1 g(或 0.5 g)的天平就可以了;若是"取 6.5000 g",表明一定要在分析天平上称。

这样的有效数字还表示了称量误差,对感量 0.1 g 的台秤称 6.5 g NaCl,绝对误差为 0.1 g,相对误差为

$$\frac{0.1}{6.5} \times 100\% = 2\%$$

对感量为 0.0001 g 的分析天平称 6.5000 g NaCl,绝对误差为 0.0001 g,相对误差为

$$\frac{0.0001}{6.5000} \times 100\% = 0.002\%$$

记录测量所得数据时,不能随便乱写,不然就会夸大或缩小了准确度。例如,用分析天平称 6.5000 g NaCl 后,若记成 6.50 g,则相对误差就由

$$\frac{0.0001}{6.5000} \times 100\% = 0.002\%$$

扩大到

$$\frac{0.01}{6.5000} \times 100\% = 0.2\%$$

由上述可以看出,"0"在数字中的作用是不同的。有时是有效数字,有时不是,这与"0"在数字中的位置有关。

(1)"0"在数字前,仅起定位作用,"0"本身不是有效数字,如 0.0275 中,数

字"2"前面的两个"0"都不是有效数字,这个数的有效数字只有三位。

(2)"0"在数字中,则是有效数字,如 2.0065 中的两个"0"都是有效数字,2.0065 是五位有效数字。

(3)"0"在小数的数字后,也是有效数字。如 6.5000 中的三个"0"都是有效数字,0.0020 中的"2"前面的三个"0"不是有效数字,"2"后面的"0"是有效数字。所以,6.5000 是五位有效数字,0.0030 是两位有效数字。

此外,在化学计算中还有表示倍数或分数这样的数字。如:

$$K_2Cr_2O_7\text{的氧化还原物质的量}=\frac{K_2Cr_2O_7\text{物质的量}}{6}$$

式中的"6"是自然数,不是测量所得,所以不应看作只有一位有效数字,而应认为是无限多位的有效数字。

总之,要能正确判别与书写有效数字。下面列出了一些数字,并指出了它们的有效数字位数。

6.5000	46009	五位有效数字
23.14	0.06010%	四位有效数字
0.0173	1.56×10^{-10}	三位有效数字
48	0.000050	两位有效数字
0.02	5×10^5	一位有效数字

2. 有效数字的运算规则

(1) 加法和减法

在计算几个数字相加或相减时,所得和或差的有效数字位数,应以小数点后位数最小的数为准,将 2.0113 与 31.25 及 0.357 相加时,见下式(可疑数用"?"标出)。

$$
\begin{array}{r}
2.0113 \\
? \\
31.25 \\
? \\
+\quad 0.357 \\
? \\
\hline
33.6183 \longrightarrow 33.62 \\
???
\end{array}
$$

可见，小数点后位数最小的数 31.25 中的"5"已是可疑，相加后使得和 33.6183 中的"1"也是可疑。所以再多保留几位已无意义，也不符合有效数字只保留一位可疑数字的原则，这样相加后，按"四舍五入"的规则处理，结果应是 33.62。

以上为了看清加减后应保留的位数，采用了先运算，后取舍的方法，一般情况下可先取舍后运算，见下式。

$$
\begin{array}{rcl}
2.0113 & \longrightarrow & 2.01 \\
31.25 & \longrightarrow & 31.25 \\
0.357 & \longrightarrow & 0.36 \\
\hline
 & & 33.62
\end{array}
$$

（2）乘法和除法

在计算几个数相乘或相除时，其积或商的有效数字位数应以有效数字位数最小的数为准，如 1.312 与 23 相乘时，见下式。

$$
\begin{array}{r}
1.312 \\
? \\
23 \\
\times \quad ? \\
\hline
3.936 \\
?\,??? \\
26.24 \\
? \\
\hline
30.176 \longrightarrow 30 \\
????
\end{array}
$$

显然，由于 23 中的"3"是可疑的，就使得积 30.176 中的"0"也是可疑的，所以保留两位即可，其余按四舍五入处理，结果就是 30。

同加减法一样，也可以先取舍后运算，即

$$
\begin{array}{r}
1.312 \longrightarrow 1.3 \\
23 \longrightarrow \times 23 \\
\hline
3.9 \\
26 \\
\hline
29.9 \longrightarrow 30
\end{array}
$$

另外，对于第一位的数值大于 8 的数，则有效数字的总位数可多算一位。例如，9.15 虽然只有三位数字，但第一位的数大于 8，所以运算时可看作四位。

（3）对数

进行对数运算时，对数值的有效数字只由尾数部分的位数决定，首位部分为 10 的指数，不是有效数字。如 2345 有四位有效数字，不能记成 $\lg 2345 = 3.370$。在化学中涉及对数运算的有很多，如 pH 的计算，若 $[H^+] = 4.9 \times 10^{-11} \, mol \cdot L^{-1}$，这是两位有效数字，所以，$pH = -\lg[H^+] = 10.31$，有效数字仍只有两位。反过来，由 $pH = 10.31$ 计算时，也只能记作 $[H^+] = 4.9 \times 10^{-11}$，而不能记成 4.898×10^{-11}。

第三章　实验内容

实验一　化学基本实验技能

【实验目的】

1. 了解酒精喷灯的结构和原理,掌握正确的使用方法。

2. 学习玻璃加工的基本技术,并掌握其中的一些简单操作。

3. 练习塞子钻孔的基本操作。

【仪器、药品和材料】

仪器:挂式酒精喷灯、三角锉或小砂轮片、镊子、钻孔器、石棉网、圆锉。

材料:护目镜、腈纶手套、玻璃棒、玻璃管、无水乙醇、火柴、胶头滴管、橡胶塞。

【实验内容】

一、酒精喷灯的使用

在实验室的加热操作中,常使用酒精灯、酒精喷灯、煤气灯或电炉等。酒精灯的温度较低,一般在 400～500 ℃,而酒精喷灯的火焰温度达 700～1000 ℃。酒精喷灯有挂式和座式两种,其类型和构造如图 2-4 所示。

1. 挂式喷灯

挂式喷灯由酒精贮罐和喷灯两部分构成。使用前应关闭酒精贮罐下面的开关,打开上盖,添加酒精,然后拧紧上盖子,将其挂于适当高处。使用时,先向预热盘中注满酒精并点燃,以预热灯管。待预热盘里酒精快要燃尽时,打开酒精贮罐开关,酒精沿胶管流入灼热的灯管并被汽化。旋开空气调节器,喷灯可自行燃烧。如未燃烧,可用火柴点燃。调节空气调节器使火焰正常,使用完毕,先关闭酒精贮罐开关,后关闭空气调节器,灯即可熄灭。酒精喷灯的使用方法如图 3-1 所示。

使用挂式喷灯的安全注意事项:

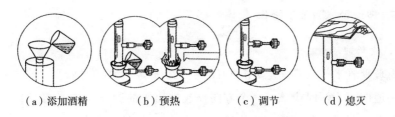

（a）添加酒精　　（b）预热　　（c）调节　　（d）熄灭

图 3-1　酒精喷灯的使用方法

（1）打开酒精贮罐开关前，灯管必须充分预热。即使已预热，打开酒精贮罐开关时也要控制酒精的供给量；否则，酒精不能充分汽化，液体酒精从灯管口喷出，形成"火雨"，可能引起火灾。遇此情况应立即关闭酒精贮罐开关和空气调节器。

（2）注入酒精贮罐中的酒精不得有固体残渣；否则，将堵塞酒精贮罐开关内孔和灯管喷出孔。一旦发生堵塞，需将酒精贮罐中的酒精倒尽，再将开关与水龙头连通，用自来水冲洗。如因长期放置，开关内孔被锈堵塞，可用煤油浸泡消除。

（3）酒精贮罐内酒精不得耗尽，当剩余少量时（灯焰变小），应停止使用。如需继续使用，应关闭喷灯，添加酒精。

2. 座式喷灯

使用座式喷灯前拧下铜帽，向灯壶内加入约灯壶总容量 2/3 的工业酒精。不要注满，也不可过少。拧紧铜帽，不能漏气（新灯或长期未用的喷灯，点燃前应将灯体倒转 2～3 次，使酒精浸湿灯芯，防止灯芯烧焦及灯焰不正常）。然后向预热盘中添加酒精并点燃，待酒精快要燃尽时，预热盘内燃烧的火焰就会将喷出的酒精蒸气点燃（必要时用火柴点燃），此时调节空气调节器，使火焰稳定。用毕，关闭空气调节器或上移空气调节器加大空气进入量，同时用石棉网或木板覆盖燃烧管口，即可将灯熄灭。必要时将灯壶铜帽拧松减压（但不能拿掉，以防着火），火即熄灭。

使用座式喷灯的安全注意事项：

（1）经 2 次预热喷灯仍不能点燃时，应暂时停止使用，检查接口是否漏气，喷出口是否堵塞（可用捅针疏通），以及灯芯是否完好（烧焦、变细应更换）。修好后方可使用。

（2）喷灯连续使用时间不能超过半小时（使用时间过长，灯壶温度逐渐升高，使壶内压强增加，壶内压强过大，有崩裂的危险）。如需加热时间较长，每隔半小时要停用降温，补充酒精，也可用 2 个喷灯轮换使用。

二、玻璃管(棒)加工操作

1. 截断玻璃管

将玻璃管平放在桌面上,用锉刀的棱或小砂轮片在玻璃管需要截断的部位锉出一道凹痕。锉时应该向一个方向锉且锉出来的凹痕应与玻璃管垂直,这样才能保证折断后的截面平整。然后双手持玻璃管(凹痕向外),用拇指在凹痕的后面轻轻外推,以折断玻璃管,如图3-2所示。因玻璃管的截面很锋利,容易把手划破,且难以插入塞子,所以必须在氧化焰中熔烧。把截面插入氧化焰中熔烧时,要缓慢地转动玻璃管使熔烧均匀,直到熔烧光滑为止。灼烧的玻璃管,应放在石棉网上冷却,不要放在桌子上,以免烧焦桌面,也不要用手摸,以免烫伤。

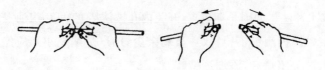

图3-2 玻璃管截痕处的折断

2. 拉细玻璃管

先将玻璃管用小火预热一下,然后双手持玻璃管的两端,把要拉细的地方放入氧化焰中,缓慢而均匀地转动玻璃管,两手用力要均等,转速要一致,以免玻璃管在火焰中扭曲,如图3-3所示。玻璃管应加热呈红黄色时,才从火焰中取出,顺着水平方向,边拉边来回转动玻璃管,如图3-4所示。拉到所需要的细度时,手持玻璃管,使玻璃管垂直下垂。冷却后,可按需要截断。

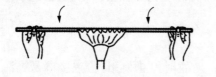

图3-3 玻璃管待弯部位的加热

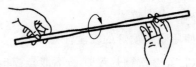

图3-4 玻璃管的拉细

3. 制作滴管

截取长150 mm×7 mm的玻璃管1根,按图3-5所示的规格制作2支滴管。先制成2个尖嘴管,将尖嘴管截断的截面在酒精灯上稍微烧一下,使之熔烧。再把粗的一端在喷灯上烧至暗红色变软时,取出垂直放在石棉网上轻轻压一下,使管口略向外翻,冷却后套上胶头即成滴管。熔烧滴管小口一端要特别小心,不能始终放在火焰中,否则管口直径就会收缩,甚至封死。制作的滴管一般每1 mL水约滴20滴。

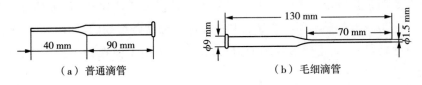

（a）普通滴管　　　　　　　　　　（b）毛细滴管

图 3-5　滴管的制作

4. 弯曲玻璃管

弯曲玻璃管时,加热玻璃管的方法与拉玻璃管时基本上一样,不过受热面积要增大,加热到玻璃管发黄变软(不需要加热到拉细玻璃管那样软)时,离开火焰,稍等1～2 s,使各部分温度均匀,再准确地把玻璃管折弯成所需的角度(注意:不要慌乱)。弯管的正确手法是"V"字形,即两手在上边,玻璃管的弯曲部分在两手中间的下方,如图 3-6 所示。弯好后,待其冷却变硬后再撒手。把弯好后的玻璃管放在石棉网上继续冷却。冷却后,应检查其角度是否准确,整个玻璃管是否处在同一平面。折弯120°以上的角度,可以一次完成。较小的锐角可分几次弯成,先弯成一个较大的角度,然后在第一次受热部位的偏右、偏左处进行第二次加热和弯曲以及第三次加热和弯曲,直到弯成所需的角度为止。

5. 搅拌棒的制作

搅拌棒通常用玻璃棒制成,将一根所需长度的玻璃棒(选用圆而直的)。将棒的下端适当位置放在火焰上烧至红热,然后用镊子夹住将其弯曲成一定的形状(见图 3-7)。

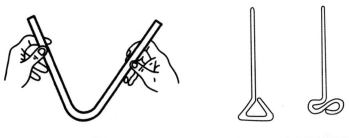

图 3-6　玻璃管的弯曲　　　　　　图 3-7　玻璃棒的弯制

三、塞子钻孔

在化学实验中,常需要将所用的瓶子或仪器口配上合适的塞子,有时为了组成一套实验装置,还需要在塞子中插入玻璃管或温度计、漏斗等。因此,掌握配套塞子的钻孔操作是十分必要的。塞子钻孔一般常用钻孔器(也称打孔器)实现。它是一组口径不同的金属管和一个圆头细铁条组成的,如图 3-8 所示,一端有手柄,另一端是环形锋利的刀刃,铁条用来捅出留在钻孔器中的橡胶芯或软木芯。

1. 钻孔的方法

选取一个与容器口径相吻合的橡胶塞,通常以能塞入瓶口的 1/2～1/3 为宜。塞入过多或过少均不符合要求。将选好的橡胶塞小头朝上,放于实验台上的小木板上,选一个比要插入的温度计或玻璃管略粗的钻孔器。将钻孔器端部蘸取少量甘油或水,左手按住橡胶塞,小头朝上,右手握住钻孔器手柄,在选定的位置上垂直并来回旋转压钻,直到钻透,如图 3-9 所示。若钻得的塞孔稍小或不光滑,可用圆锉打磨修整。

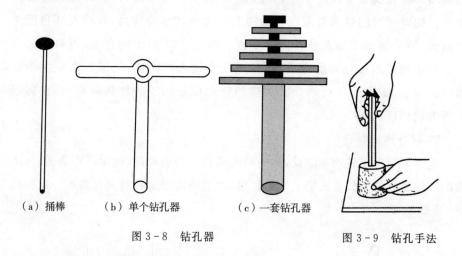

(a) 捅棒　　(b) 单个钻孔器　　(c) 一套钻孔器

图 3-8　钻孔器　　　　　　　　　　　图 3-9　钻孔手法

2. 玻璃管插入橡胶塞的方法

将玻璃管端部蘸取少量水或甘油,左手持橡胶塞,右手握住玻璃管的前半部(为了安全,可用布包住),将玻璃管慢慢旋入塞孔,如图 3-10 所示,若不好安装,需继续用圆锉修磨塞孔。切勿用力过猛或手离塞子太远,否则易折断玻璃管和刺伤手掌。

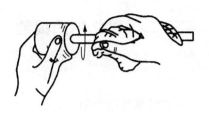

图 3-10　玻璃管插入橡胶塞的方法

【思考题】

1. 使用酒精喷灯时应注意些什么？

2. 为什么要将玻璃管(棒)截面熔烧后才能使用？

3. 进行弯曲玻璃管操作时,为避免烫伤,要特别注意些什么？

4. 选用瓶塞有什么要求？试比较玻璃磨口塞、橡胶塞和软木塞有哪些优点？

实验二　氯化钠的提纯

【实验目的】

(1)通过沉淀反应,了解提纯氯化钠的原理。

(2)练习台秤和酒精灯的使用以及过滤、蒸发、结晶、干燥等基本操作。

【仪器、药品和材料】

仪器:托盘天平、小烧杯、玻璃棒、石棉网、普通漏斗、蒸发皿、试管、酒精灯、滴管、量筒、布氏漏斗、抽滤瓶、水循环真空泵。

药品:$BaCl_2$ 溶液($1\ mol \cdot L^{-1}$)、NaOH 溶液($2\ mol \cdot L^{-1}$)、NaOH 溶液($1\ mol \cdot L^{-1}$)、Na_2CO_3 溶液($1\ mol \cdot L^{-1}$)、HCl 溶液($2\ mol \cdot L^{-1}$)、$(NH_4)_2C_2O_4$溶液($0.5\ mol \cdot L^{-1}$)、粗食盐、镁试剂①。

材料:pH 试纸、定性滤纸、蒸馏水。

【实验原理】

粗食盐中含有不溶性杂质(如混沙)和可溶性杂质(主要是 Ca^{2+}、Mg^{2+}、K^+ 和 SO_4^{2-})。其中不溶性杂质,可用溶解和过滤的方法除去。可溶性杂质可用下列方法除去。

在粗食盐溶液中加入稍微过量的 $BaCl_2$ 溶液,将 SO_4^{2-} 转化为难溶解的 $BaSO_4$ 沉淀,过滤除去。

$$Ba^{2+} + SO_4^{2-} = BaSO_4(s)$$

在滤液中加入 NaOH 和 Na_2CO_3溶液,发生下列反应:

$$Mg^{2+} + 2OH^- = Mg(OH)_2(s)$$

$$Ca^{2+} + CO_3^{2-} = CaCO_3(s)$$

$$Ba^{2+} + CO_3^{2-} = BaCO_3(s)$$

食盐溶液中存在杂质 Ca^{2+}、Mg^{2+} 以及去除 SO_4^{2-} 时加入的过量 Ba^{2+} 分别

---

① 镁试剂是一种有机染料,在酸性溶液中呈黄色,在碱性溶液中呈红色或紫色,但被 $Mg(OH)_2$ 沉淀吸附后,呈天蓝色,因此可以用来检验 Mg^{2+} 的存在。

转化为 $CaCO_3$、$Mg(OH)_2$ 及 $BaCO_3$ 沉淀,并通过过滤的方法除去。过量的 $NaOH$ 和 Na_2CO_3 用盐酸中和除去。少量可溶性的杂质(如 KCl),在蒸发浓缩和结晶过程中残留在溶液中,不会和 $NaCl$ 同时结晶出来。

【实验内容】

一、粗食盐的提纯

(1)在天平上,称取 8 g 粗食盐,放入小烧杯中,加 30 mL 蒸馏水,用玻璃棒搅动,加热使其溶解。至溶液沸腾时,在搅拌条件下逐滴加入 1 mol·L^{-1} $BaCl_2$ 溶液至沉淀完全(约 2 mL),继续加热,使 $BaSO_4$ 颗粒长大,易于沉淀和过滤。为了检验沉淀是否完全,可将烧杯从石棉网上取下,待沉淀沉降后,在上层清液中加入 1~2 滴 $BaCl_2$ 溶液,观察澄清溶液中是否还有混浊现象,如果无混浊现象,说明 SO_4^{2-} 已完全沉淀。如果仍有混浊现象,则需继续滴加 $BaCl_2$ 溶液,直到在上层清液加入 1 滴 $BaCl_2$ 后,不再产生混浊现象为止。沉淀完全后,继续加热 5 min,以使沉淀颗粒长大,再用普通漏斗过滤。

(2)在滤液中加入 1 mL 2 mol·L^{-1} $NaOH$ 溶液和 3 mL 1 mol·L^{-1} Na_2CO_3 溶液,加热至沸腾。待沉淀沉降后,在上层清液中滴加 1 mol·L^{-1} Na_2CO_3 溶液,至不再产生沉淀为止,用普通漏斗过滤。

(3)在滤液中滴加 2 mol·L^{-1} HCl 溶液,用玻璃棒蘸取滤液,在 pH 试纸上试验,直至溶液呈微酸性为止(pH≈6)。

(4)将溶液倒入蒸发皿中,用小火加热蒸发,浓缩至稀粥状,切不可将溶液蒸发干。

(5)冷却后,用布氏漏斗真空抽滤,尽量将晶体抽干。然后将结晶放入蒸发皿中,在石棉网上用小火加热干燥。

(6)称出产品的质量,并计算产率。

二、产品纯度的检验

取少量(约 1 g)提纯前和提纯后的食盐。分别用 5 mL 蒸馏水溶解,然后分别盛放于 3 支试管中,每一盛放提纯前样品的试管与盛放提纯后样品的试管为一组,共计三组,对照检验它们的纯度。

(1)SO_4^{2-} 的检验:在第一组的 2 支试管中,分别加入 2 滴 1 mol·L^{-1} $BaCl_2$ 溶液,比较沉淀产生的情况,经提纯的食盐溶液中应无白色难溶的 $BaSO_4$ 沉淀产生。

(2)Ca^{2+} 的检验:在第二组的 2 支试管中,分别加入 2 滴 0.5 mol·L^{-1}

$(NH_4)_2C_2O_4$(草酸铵)溶液,比较沉淀产生的情况,盛放经提纯的食盐溶液的试管中应无白色难溶的 CaC_2O_4(草酸钙)沉淀产生。

(3)Mg^{2+} 的检验:在第三组的 2 支试管中,分别加入 $2\sim3$ 滴 $1\ mol\cdot L^{-1}$ NaOH 溶液,使溶液呈碱性(用 pH 试纸检测),再分别加入 $2\sim3$ 滴镁试剂,比较沉淀产生的情况(盛放经提纯的食盐溶液的试管中应无天蓝色沉淀产生)。

【思考题】

1. 怎样除去粗食盐中的 Ca^{2+}、Mg^{2+}、K^+ 和 SO_4^{2-} 等杂质离子?

2. 怎样除去过量的沉淀剂 $BaCl_2$、NaOH 和 Na_2CO_3?

3. 浓缩提纯后的食盐溶液时,为什么不能将溶液蒸干?

4. 怎样检验 NaCl 的纯度?

5. 画出布氏漏斗真空抽滤的工艺流程图。

实验三　化学反应速率与活化能的测定

【实验目的】

(1)考察浓度、温度及催化剂对化学反应速率的影响。

(2)测定过二硫酸铵与碘化钾的反应速率,并计算反应级数、反应速率常数及反应的活化能。

(3)了解一元线性回归方法,并运用计算机处理实验结果。

【仪器、药品和材料】

仪器:量筒、烧杯、秒表、温度计、玻璃棒、滴管、恒温水浴槽、酒精灯。

药品:KI 溶液($0.20 \ mol \cdot L^{-1}$)、$Na_2S_2O_3$ 溶液($0.010 \ mol \cdot L^{-1}$)、淀粉溶液(0.2%)、$(NH_4)_2S_2O_8$ 溶液($0.20 \ mol \cdot L^{-1}$)、KNO_3 溶液($0.20 \ mol \cdot L^{-1}$)、$(NH_4)_2SO_4$溶液($0.20 \ mol \cdot L^{-1}$)、$Cu(NO_3)_2$ 溶液($0.20 \ mol \cdot L^{-1}$)。

材料:蒸馏水。

【实验原理】

在水溶液中$(NH_4)_2S_2O_8$(过二硫酸铵)和 KI 发生以下反应:

$$S_2O_8^{2-} + 3 I^- \Longrightarrow 2SO_4^{2-} + I_3^- \tag{1}$$

其反应的平均反应速率可用下式表示:

$$v = -\Delta[S_2O_8^{2-}] / \Delta t = k[S_2O_8^{2-}]^m [I^-]^n$$

式中,v 为平均反应速率;$\Delta[S_2O_8^{2-}]$为 Δt 时间内 $S_2O_8^{2-}$ 的浓度变化;$[S_2O_8^{2-}]$和$[I^-]$分别为 $S_2O_8^{2-}$ 和I^- 的起始浓度;k 为反应速率常数;m 和 n 为反应级数。

为了测 Δt 时间内的 $\Delta[S_2O_8^{2-}]$,在将$(NH_4)_2S_2O_8$溶液和 KI 溶液混合的同时,加入一定体积的已知浓度的 $Na_2S_2O_3$溶液和淀粉溶液。这样在反应(1)进行的同时,还发生以下反应:

$$2S_2O_3^{2-} + I_3^- \Longrightarrow S_4O_6^{2-} + 3 I^- \tag{2}$$

反应(2)的速率比反应(1)快得多,所以由反应(1)生成的I_3^-立即与$S_2O_3^{2-}$作用,生成无色的 $S_4O_6^{2-}$ 和I^-。但是一旦 $Na_2S_2O_3$ 耗尽,反应(1)生成的I_3^-就立即与淀粉作用,使溶液显蓝色。从反应(1)和反应(2)可以看出,$[S_2O_8^{2-}]$减少1 mol 时,$[S_2O_3^{2-}]$则减少 2 mol,即

$$\Delta[S_2O_8^{2-}]=\Delta[S_2O_3^{2-}]/2$$

记录从反应开始到溶液出现蓝色所需要的时间 Δt。由于在 Δt 时间内 $S_2O_3^{2-}$ 全部耗尽,所以由 $Na_2S_2O_3$ 的起始浓度可求 $\Delta[S_2O_8^{2-}]$,进而可以计算平均反应速率,即 $-\Delta[S_2O_8^{2-}]/\Delta t$。

对平均反应速率表示式 $v=k[S_2O_8^{2-}]^m[I^-]^n$ 两边取对数,得

$$\lg v=m\lg[S_2O_8^{2-}]+n\lg[I^-]+\lg k$$

式中,v 为平均反应速率;$[S_2O_8^{2-}]$ 和 $[I^-]$ 分别为 $S_2O_8^{2-}$ 和 I^- 的起始浓度;k 为反应速率常数;m 和 n 为反应级数。

当 $[I^-]$ 不变时,以 $\lg v$ 对 $\lg[S_2O_8^{2-}]$ 作图,应是一条直线,斜率为 m。同理,当 $[S_2O_8^{2-}]$ 不变时,以 $\lg v$ 对 $\lg[I^-]$ 作图,也是一条直线,可求得 n。把数据输入计算机中进行回归计算得到 m 和 n,再由 $k=v/[S_2O_8^{2-}]^m[I^-]^n$ 求得 k。k 与 T 一般有以下关系:

$$\lg k=A-E_a/2.303RT$$

式中,E_a 为反应的活化能;R 为摩尔气体常数;T 为热力学温度。测出不同温度时的 k 值,以 $\lg k$ 对 $1/T$ 作图,可得一条直线,由直线斜率等于 $-E_a/2.303RT$ 可求得 E_a。

【实验内容】

一、试验浓度对化学反应速率的影响

在室温下,用 3 个量筒分别量取 20.0 mL 0.20 mol·L^{-1} KI 溶液、8.0 mL 0.010 mol·L^{-1} Na$_2$S$_2$O$_3$ 溶液和 4.0 mL 0.2% 淀粉溶液,都加到 150 mL 烧杯中,混合均匀,再用另一个量筒量取 20.0 mL 0.20 mol·L^{-1} (NH$_4$)$_2$S$_2$O$_8$ 溶液,快速加到烧杯中,同时启动秒表,并不断搅拌,仔细观察。当溶液出现蓝色时,立即停秒表,记下反应时间及室温。

用同样的方法按照表 3-1 所列的用量进行另外四次实验。为了使每次实验中溶液的离子强度和总体积保持不变,不足的量分别用 0.20 mol·L^{-1} KNO$_3$ 溶液和 0.20 mol·L^{-1} (NH$_4$)$_2$SO$_4$ 溶液补足。算出各实验中的反应速率 v 并填入表 3-1 中。用表 3-1 中实验 I、IV、V 的数据作 $\lg v$-$\lg[I^-]$ 图,求出 n。用表 3-1 中实验 I、II、III 的数据作 $\lg v$-$\lg[S_2O_8^{2-}]$ 图,求出 m。再算出各实验的反应速率常数 k,把计算结果填入表 3-1 中。

表 3-1　浓度对反应速度的影响

实　验　编　号		I	II	III	IV	V
试剂用量/ mL	0.20 mol·L^{-1}(NH$_4$)$_2$S$_2$O$_8$溶液	20	15	5	20	20
	0.20 mol·L^{-1} KI 溶液	20	20	20	10	5
	0.01 mol·L^{-1} Na$_2$S$_2$O$_3$溶液	8	8	8	8	8
	0.2% 淀粉溶液	4	4	4	4	4
	0.2 mol·L^{-1} KNO$_3$溶液	0	0	0	10	15
	0.2 mol·L^{-1} (NH$_4$)$_2$SO$_4$溶液	0	5	15	0	0
52 mL 混合液中 反应物的起始 浓度/(mol·L^{-1})	(NH$_4$)$_2$S$_2$O$_8$溶液					
	KI 溶液					
	Na$_2$S$_2$O$_3$溶液					
反应时间/s						
Δt 时间内 S$_2$O$_8^{2-}$ 的浓度变化/(mol·L^{-1})						
平均反应速率						
反应速率常数						

二、温度对化学反应速率的影响

按表 3-1 中实验 IV 的用量,把 KI 溶液、Na$_2$S$_2$O$_3$ 溶液、KNO$_3$ 溶液和淀粉溶液加到 150 mL 烧杯中,把(NH$_4$)S$_2$O$_8$ 溶液加到另一烧杯中,并把它们同时放在冰水浴中冷却;等烧杯中的溶液冷却到 0 ℃时,再把(NH$_4$)$_2$S$_2$O$_8$ 溶液分别加到 KI 溶液、Na$_2$S$_2$O$_3$ 溶液、KNO$_3$ 溶液和淀粉溶液组成的混合溶液中,启动秒表,并不断搅拌;当溶液刚出现蓝色时,立即停秒表,记下反应时间。利用热水浴在高于室温 10 ℃的条件下,重复一次上述实验,记录反应时间。将实验 VI、实验 VII 和实验 IV 数据记下,填入表 3-2 中进行比较。代入计算机计算,可得 E_a。

表 3-2　温度对化学反应速率的影响

实验编号	IV	VI	VII
反应温度/℃			
反应时间			
反应速率			
反应速率常数			
lg$k$			
1/T			

注:k 为反应速率常数;T 为反应温度。

三、催化剂对化学反应速率的影响

按表 3-1 中实验 Ⅳ 的用量，把 KI 溶液、$Na_2S_2O_3$ 溶液、KNO_3 溶液和淀粉溶液加到 150 mL 烧杯中，再加入 2 滴 0.02 $mol \cdot L^{-1}$ $Cu(NO_3)_2$ 溶液，搅匀，然后迅速加入 $(NH_4)_2S_2O_8$ 溶液，启动秒表，并不断搅拌；当溶液出现蓝色时，立即停秒表，记下反应时间。将此实验的反应速率与表 3-2 中实验 Ⅳ 的反应速率进行比较，可得出什么结论？

【思考题】

1. 根据化学方程式，是否能确定反应级数？用本实验的结果加以说明。

2. 若不用 $S_2O_8^{2-}$ 的浓度变化表示反应速率而用 I^- 或 I_3^- 的浓度变化来表示反应速率，则反应速率常数 k 是否一样？

3. 实验中为什么可以用反应溶液出现蓝色的时间长短来计算反应速率？反应溶液出现蓝色后，反应是否就终止了？

4. 下列情况对实验结果有何影响？

(1) 取用 6 种试剂的量筒没有分开专用。

(2) 先加 $(NH_4)_2S_2O_8$ 溶液，最后加 KI 溶液。

(3) 慢慢加入 $(NH_4)_2S_2O_8$ 溶液。

5. 本实验 $Na_2S_2O_3$ 溶液的用量过多或过少，对实验结果有何影响？

实验四　溶液的配制与 pH 测定

【实验目的】

(1)掌握配制各种溶液的方法。

(2)了解在各种 pH 溶液中各指示剂所显示的特征颜色。

(3)熟练掌握 pH 试纸的使用方法。

(4)初步学习酸度计测定溶液 pH 的方法。

【仪器、药品和材料】

仪器:烧瓶、烧杯、试管、量筒、酸度计、点滴板、气流干燥器。

药品:HCl 溶液($0.001\ mol \cdot L^{-1}$)、NaOH 溶液($0.001\ mol \cdot L^{-1}$)、未知酸溶液(HX,$0.001\ mol \cdot L^{-1}$)、未知碱溶液(MOH,$0.05\ mol \cdot L^{-1}$)、HAc 溶液($0.1\ mol \cdot L^{-1}$)、NaAc 溶液($0.1\ mol \cdot L^{-1}$)、HCl 溶液($0.1\ mol \cdot L^{-1}$)、NaOH 溶液($0.1\ mol \cdot L^{-1}$)、$CaCl_2$ 溶液($0.1\ mol \cdot L^{-1}$)、NH_4Ac 溶液($0.1\ mol \cdot L^{-1}$)、NH_4Cl 溶液($0.1mol \cdot L^{-1}$)、甲基橙指示液、甲基红指示液、溴百里酚蓝指示液、酚酞指示液和茜素黄指示液。

材料:pH 试纸、擦镜纸(或滤纸)、蒸馏水。

【实验内容】

一、配制各种 pH 的溶液

配制各种 pH 的溶液的步骤如下:

(1)在一个清洁的烧瓶中装入 400 mL 蒸馏水并加热到沸腾。把一只小烧杯倒扣在烧瓶口上,让它冷却。煮沸过的蒸馏水(蒸馏水中往往由于溶有 CO_2 而微显酸性,加热可驱出 CO_2),将作为一种 pH 为 7 的溶液,并将用于后续步骤溶液的稀释。

(2)从试剂台上取 5 mL $0.001\ mol \cdot L^{-1}$ HCl 溶液,用 45 mL 煮沸过的蒸馏水加以稀释,搅拌。最终溶液中的 H_3O^+ 浓度是 $0.0001\ mol \cdot L^{-1}$(pH=4)。

(3)由 5 mL pH 为 4 的溶液配制 50 mL pH 为 5 的溶液。由 5 mL pH 为 5 的溶液配制 50 mL pH 为 6 的溶液。

(4)类似地,用 $0.001\ mol \cdot L^{-1}$ NaOH 溶液,依次配制 pH 为 10、9 和 8 的

溶液。

取 5 mL pH 从 3 到 11 的 9 种溶液分别放在 9 支洁净干燥的试管中，向每支试管中加入甲基橙指示液（不多于 2 滴），摇动试管并观察每一支试管中产生的颜色。把这些数据结果记录在表 3-3 内。

相似地，取现配的样品用甲基红指示液、溴百里酚蓝指示液、酚酞指示液和茜素黄指示液（不多于 2 滴）进行实验。

表 3-3　实验结果

pH	甲基橙指示液	甲基红指示液	溴百里酚蓝指示液	酚酞指示液	茜素黄指示液
3					
4					
5					
6					
7					
8					
9					
10					
11					

二、测定未知酸和碱溶液的 pH

1. 用各种指示剂测定溶液的 pH

用洁净干燥的量筒，从试剂台上取 25 mL 0.001 mol·L^{-1} 的未知酸溶液 HX，向 5 支洁净干燥的试管中各加入 5 mL 未知酸溶液，向各试管中加入不同的指示剂 2 滴，记录所观察到的颜色。

用相同的方法，向 0.05 mol·L^{-1} 的未知碱 MOH 溶液中加入各种指示剂，观察并记录产生的颜色，未知碱溶液是试剂台上提供的。

2. 用 pH 计测定溶液的 pH

用 2 支洁净干燥的烧杯，分别加入 50 mL 未知酸溶液和未知碱溶液，测定并记录其 pH 于表 3-4 中，测定方法见附录一的酸度计使用说明。

表 3-4 实验结果

指示剂	未知酸	未知碱
甲基橙指示液		
甲基红指示液		
溴百里酚蓝指示液		
酚酞指示液		
茜素黄指示液		
pH 计		

三、计算酸和碱电离常数 K_a、K_b

假定未知酸是一元酸 HX,计算 $HX + H_2O \Longrightarrow H_3O^+ + X^-$ 的离解常数 K_a;假定未知碱是一元碱 MOH,计算 $MOH \Longrightarrow M^+ + OH^-$ 的离解常数 K_b,已知 $[OH^-] = \dfrac{1.0 \times 10^{-14}}{[H_3O^+]}$。

四、缓冲溶液

配制 pH＝4.74 的缓冲溶液 50 mL,实验室现有 $0.1\ mol \cdot L^{-1}$ HAc 溶液和 $0.1\ mol \cdot L^{-1}$ NaAc 溶液,应该怎样配制? 根据计算结果,配制好后,用 pH 计测定是否符合要求,然后在缓冲溶液中,加入 0.5 mL $0.1\ mol \cdot L^{-1}$ HCl 溶液(约 10 滴),用 pH 计测定其 pH,再加入 1 mL $0.1\ mol \cdot L^{-1}$ NaOH 溶液(约 20 滴),再用 pH 计测定其 pH,填入表 3-5,并与计算值比较。

表 3-5 缓冲溶液 pH 比较表

缓冲溶液	计算的 pH	测定的 pH
(1)配置的缓冲溶液		
(2)加入 0.5 mL $0.1\ mol \cdot L^{-1}$ HCl 溶液		
(3)再加入 1 mL $0.1\ mol \cdot L^{-1}$ NaOH 溶液		

五、用 pH 试纸测定盐类水溶液的 pH

取少量 $CaCl_2$ 溶液($0.1\ mol \cdot L^{-1}$)、NaAc 溶液($0.1\ mol \cdot L^{-1}$)、NH_4Ac 溶液($0.1\ mol \cdot L^{-1}$)、NH_4Cl 溶液($0.1\ mol \cdot L^{-1}$)于点滴板上,用广泛 pH 试纸测定其 pH。

【思考题】

1. 如果把等体积的 pH 为 3 和 pH 为 5 的溶液混合在一起,得到的 pH 是多少?

2. 如果每种指示剂能显示出 3 种颜色而不是 2 种颜色,并假定颜色变化不会互相重叠,那么需要多少种指示剂就能包括本实验中一部分数据表(pH 为 3~11)的颜色变化?

3. 在上述每个实验中,为什么要取指示剂的最小用量?

4. 计算下列溶液的 pH:

(1)$0.1 \ mol \cdot L^{-1} NH_4Cl$ 溶液和 $0.1 \ mol \cdot L^{-1} NaAc$ 溶液。

(2)等体积 HAc 溶液($0.1 \ mol \cdot L^{-1}$)和 NaAc 溶液($0.1 \ mol \cdot L^{-1}$)的混合液。

5. 设计配制 50 mL pH 为 10 的缓冲溶液的方案。

6. 用 pH 计测定溶液的 pH 时,有哪些主要步骤?

实验五　沉淀反应与应用

【实验目的】

(1)学会运用溶度积理论,掌握沉淀反应的规律,并用以预测、验证、分析某些实验现象,以加深对溶度积概念的理解,增加对沉淀反应的感性认识。

(2)利用沉淀反应来分离或鉴定某种物质。

【仪器、药品和材料】

仪器:试管、离心试管、滴管、离心机。

药品:$Pb(NO_3)_2$ 溶液(0.1 mol・L^{-1})、Na_2S 溶液(0.1 mol・L^{-1})、$NaCl$ 溶液(0.5 mol・L^{-1})、$NaCl$ 溶液(0.025 mol・L^{-1})、K_2CrO_4 溶液(0.1 mol・L^{-1})、$AgNO_3$ 溶液(0.1 mol・L^{-1})、KI 溶液(0.1 mol・L^{-1})、$MgSO_4$ 溶液(0.1 mol・L^{-1})、氨水溶液(2 mol・L^{-1})、NH_4Cl 溶液(1 mol・L^{-1})、$Pb(Ac)_2$ 溶液(0.01 mol・L^{-1})、KI 溶液(0.02 mol・L^{-1})、$Ca(NO_3)_2$ 溶液(0.1 mol・L^{-1})、KNO_3 溶液(0.1 mol・L^{-1})、Na_2CO_3 溶液(1 mol・L^{-1})、饱和 H_2S 溶液、固体 $NaNO_3$。

材料:蒸馏水。

【实验内容】

一、沉淀的生成

(1)在试管中加 10 滴 0.1 mol・L^{-1} $Pb(NO_3)_2$溶液,加入等量0.1 mol・L^{-1} K_2CrO_4溶液,记录现象。

(2)取 10 滴 0.1 mol・L^{-1} $Pb(NO_3)_2$溶液,加入等量 0.1 mol・L^{-1} Na_2S溶液,记录现象。

(3)根据溶度积判断下列溶液是否有沉淀生成,并用实验证明之。

在 2 支干燥试管中各加 10 滴 0.1 mol・L^{-1} $Pb(NO_3)_2$溶液,然后向其中一支试管中加入 10 滴 0.5 mol・L^{-1} $NaCl$ 溶液,向另一支试管中加入 10 滴 0.025 mol・L^{-1} $NaCl$ 溶液。

二、分步沉淀

向试管中加入 2 滴 0.1 mol・L^{-1} Na_2S溶液和 5 滴 0.1 mol・L^{-1} K_2CrO_4溶液,用水稀释至 5 mL。然后逐滴加入 0.1 mol・L^{-1} $Pb(NO_3)_2$溶液,观察首

先生成沉淀的颜色。待沉淀沉降后,继续向清液中滴加 $0.1 \text{ mol} \cdot \text{L}^{-1}$ $Pb(NO_3)_2$ 溶液,会出现什么颜色的沉淀? 根据有关溶度积数据加以说明。

三、沉淀的转化

(1)已知 $K_{sp,AgCl} = 1.8 \times 10^{-10}$,$K_{sp,AgI} = 8.5 \times 10^{-17}$,设计利用浓度均为 $0.1 \text{ mol} \cdot \text{L}^{-1}$ 的 $AgNO_3$ 溶液、$NaCl$ 溶液、KI 溶液,实现 $AgCl$ 沉淀转化成 AgI 沉淀的实验。

(2)设计制备 Ag_2CrO_4 沉淀的实验,观察其颜色,试验 Ag_2CrO_4 沉淀能否与 $0.5 \text{ mol} \cdot \text{L}^{-1}$ 的 $NaCl$ 发生反应? 注意沉淀及溶液的变化,解释观察到的现象。

四、沉淀的溶解

(1)在试管中加入 $2 \text{ mL } 0.1 \text{ mol} \cdot \text{L}^{-1} MgSO_4$ 溶液,加入 $2 \text{ mol} \cdot \text{L}^{-1}$ 氨水溶液数滴,此时生成的沉淀是什么? 再向此溶液中加入 $1 \text{ mol} \cdot \text{L}^{-1} NH_4Cl$ 溶液,观察沉淀是否溶解? 用离子平衡移动的观点解释上述现象。

(2)取 5 滴 $0.01 \text{ mol} \cdot \text{L}^{-1} Pb(Ac)_2$ 溶液,加入 5 滴 $0.02 \text{ mol} \cdot \text{L}^{-1} KI$ 溶液,待沉淀生成,再加入少量固体 $NaNO_3$,振荡试管,生成的沉淀又溶解,为什么?

五、用沉淀法分离混合离子

(1)Pb^{2+}、Ca^{2+}、K^+ 的混合液的沉淀分离。用 $0.1 \text{ mol} \cdot \text{L}^{-1} Pb(NO_3)_2$ 溶液、$0.1 \text{ mol} \cdot \text{L}^{-1} Ca(NO_3)_2$ 溶液、$0.1 \text{ mol} \cdot \text{L}^{-1} KNO_3$ 溶液各 5 滴滴入一支试管中,然后加入饱和 H_2S 溶液数滴,振荡试管,产生什么沉淀? 离心沉淀后,在清液中再加 1 滴饱和 H_2S 溶液,若无沉淀出现,则表示 Pb^{2+} 已沉淀完全,离心分离。用滴管将清液移入另一支试管中,在清液中加入 $1 \text{ mol} \cdot \text{L}^{-1} Na_2CO_3$ 溶液,直至沉淀完全离心分离。写出分离过程示意图。

(2)混合 $AgNO_3$ 溶液、$Fe(NO_3)_3$ 溶液、$Al(NO_3)_3$ 溶液,并用沉淀法使 Ag^+、Al^{3+}、Fe^{3+} 分离。试设计其分离程序。

【思考题】

1. 计算下列问题:

(1) 根据溶度积判断向 10 滴 $0.1 \text{ mol} \cdot \text{L}^{-1} Pb(NO_3)_2$ 溶液中加 10 滴 $0.5 \text{ mol} \cdot \text{L}^{-1} NaCl$ 溶液是否有沉淀产生?

(2) 根据溶度积判断向 10 滴 $0.1 \text{ mol} \cdot \text{L}^{-1} Pb(NO_3)_2$ 溶液中加 10 滴

0.025 mol・L^{-1} NaCl 溶液是否有沉淀产生?

2. 估计 Ag_2CrO_4 沉淀与 0.2 mol・L^{-1} NaCl 溶液反应的综合平衡常数。估计该反应的可能性及主要现象。

3. 设计沉淀法分离 Ag^+、Fe^{3+}、Al^{3+} 的分离程序。

实验六 氧化还原反应与电化学

【实验目的】

(1)定性比较一些电极反应的电极电位。

(2)试验各种因素对氧化还原反应速率的影响。

(3)观察催化剂对氧化还原反应速率的影响。

【仪器、药品和材料】

仪器:试管、烧杯、滴管、盐桥、伏特计。

药品:KI 溶液 $(0.1\ mol \cdot L^{-1})$、$FeCl_3$ 溶液 $(0.1\ mol \cdot L^{-1})$、KBr 溶液 $(0.1\ mol \cdot L^{-1})$、$FeSO_4$ 溶液 $(0.1\ mol \cdot L^{-1})$、HCl 溶液 $(1\ mol \cdot L^{-1})$、$K_2Cr_2O_7$ 溶液 $(0.2\ mol \cdot L^{-1})$、$K_3[Fe(CN)_6]$ 溶液 $(0.1\ mol \cdot L^{-1})$、$ZnSO_4$ 溶液 $(0.2\ mol \cdot L^{-1})$、$H_2C_2O_4$ 溶液 $(2\ mol \cdot L^{-1})$、H_2SO_4 溶液 $(1\ mol \cdot L^{-1})$、$MnSO_4$ 溶液 $(0.2\ mol \cdot L^{-1})$、$KMnO_4$ 溶液 $(0.01\ mol \cdot L^{-1})$、$CuSO_4$ 溶液 $(0.1\ mol \cdot L^{-1})$、$ZnSO_4$ 溶液 $(0.1\ mol \cdot L^{-1})$、NH_4F 溶液 (10%)、碘水、溴水、浓 HCl、CCl_4、固体 MnO_2、浓氨溶液。

材料:淀粉-KI 试纸、导线、铜片、锌片、砂纸、蒸馏水。

【实验内容】

一、电极电位与氧化还原反应的关系

(1)将 0.5 mL 0.1 mol·L^{-1} KI 溶液与数滴 0.1 mol·L^{-1} $FeCl_3$ 溶液在试管中混匀后,加入 0.5 mL CCl_4。充分振荡,观察 CCl_4 层的颜色有何变化[①]并保留溶液。

(2)用 0.1 mol·L^{-1} KBr 溶液代替 0.1 mol·L^{-1} KI 溶液,进行同样的实验,反应能否发生? 为什么?

(3)分别用碘水和溴水同 0.1 mol·L^{-1} $FeSO_4$ 溶液相互作用,观察现象。

根据实验结果,定性地比较 Br_2/Br^-、I_2/I^-、Fe^{3+}/Fe^{2+} 三个电极电位的相

---

① 碘溶于 CCl_4 中,溶液呈紫红色。溴溶于 CCl_4 中,溶液呈棕色。

对高低,并指出哪个物质是最强的氧化剂,哪个是最强的还原剂。说明电极与氧化还原反应方向的关系。

二、各种因素对氧化还原反应的影响

1. 浓度

试管中加入少量固体 MnO_2 和 1.5 mL 1 mol·L^{-1} HCl 溶液,用湿的淀粉-KI 试纸在试管口检验有无气体产生? 用浓 HCl 代替 1 mol·L^{-1} HCl 进行实验,比较两次实验的结果,写出反应方程式并运用能斯特公式原理进行解释。

2. 酸度

试管中加入 0.5 mL 0.1 mol·L^{-1} KI 溶液和 0.5 mL 0.2 mol·L^{-1} $K_2Cr_2O_7$ 溶液,混匀后,有什么变化? 再加入数滴 2 mol·L^{-1} H_2SO_4 溶液,观察有什么变化? 写出反应方程式并加以解释。

3. 沉淀

试管中加入 0.5 mL 0.1mol·L^{-1} KI 溶液和 5 滴 0.1 mol·L^{-1} $K_3[Fe(CN)_6]$溶液,混匀后,再加入 0.5 mL CCl_4,充分振荡,观察 CCl_4 层中颜色有无变化? 然后再加入 5 滴 0.2 mol·L^{-1} 的 $ZnSO_4$ 溶液,充分振荡,观察 CCl_4 层中颜色,并进行解释。据此判断 I^- 能否还原$[Fe(CN)_6]^{3-}$,加入 Zn^{2+} 有何影响[①]?

4. 络合剂

在一试管中加入 2 滴 0.1 mol·L^{-1} $FeCl_3$ 溶液和 5 滴 10% NH_4F 溶液,再加入 0.5 mL 0.1 mol·L^{-1} KI 溶液和 0.5 mL CCl_4,振荡并观察,与实验内容的第一部分相比较,有何不同? 试解释。

三、催化剂对氧化还原反应速率的影响

取 3 支试管,分别为 1 号管、2 号管和 3 号管,向 3 支试管中各加入 1 mL 2 mol·L^{-1} $H_2C_2O_4$ 溶液和数滴 1 mol·L^{-1} H_2SO_4 溶液。然后向 1 号管中滴加 2 滴 0.2 mol·L^{-1} $MnSO_4$ 溶液,向 3 号管中加数滴 10% NH_4F 溶液,最后向 3 支试管中分别加入 2 滴 0.01 mol·L^{-1} $KMnO_4$ 溶液,混合均匀,观察 3 支

---

① KI 溶液与 $K_3[Fe(CN)_6]$溶液,以及两者的反应产物与 $ZnSO_4$ 溶液发生如下反应:

$$2I^- + 2[Fe(CN)_6]^{3-} \Longrightarrow I_2 + 2[Fe(CN)_6]^{4-}$$

$$2Zn^{2+} + [Fe(CN)_6]^{4-} \Longrightarrow Zn_2[Fe(CN)_6]\downarrow$$

试管中紫色退去的快慢。必要时,可用小火加热,进行比较[①]。

四、原电池

按图 3-11 装置原电池,并在其中一支 100 mL 烧杯中加入 30 mL 0.1 mol·L^{-1} CuSO$_4$ 溶液,在另一支 100 mL 烧杯中加入 30mL 0.1 mol·L^{-1} ZnSO$_4$ 溶液,然后在 CuSO$_4$ 溶液中放入 Cu 片,在 ZnSO$_4$ 溶液中放入 Zn 片,再加盐桥联结两支烧杯,Zn 片与 Cu 片通过导线分别与伏特计的负极与正极相连,记下伏特计的读数。

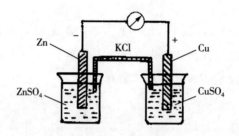

图 3-11 原电池示意图

在 CuSO$_4$ 溶液中加入浓氨溶液至生成的沉淀溶解为止,形成深蓝色溶液,再记下伏特计读数,反应方程式如下:

$$Cu^{2+} + 4NH_3 \longrightarrow [Cu(NH_3)_4]^{2+}$$

再在 ZnSO$_4$ 溶液中加入浓氨水至生成的沉淀溶解为止,记下伏特计读数,反应方程式如下:

$$Zn^{2+} + 4NH_3 \longrightarrow [Zn(NH_3)_4]^{2+}$$

根据上述实验结果,并结合能斯特公式说明伏特计数字变化的原因。

【思考题】

1. 为什么 K$_2$Cr$_2$O$_7$ 能氧化浓 HCl 中的 Cl$^-$ 而不能氧化 NaCl 中的 Cl$^-$?

---

① H$_2$C$_2$O$_4$ 溶液和 KMnO$_4$ 溶液在酸性介质中能发生如下反应:

$$5H_2C_2O_4 + 2MnO_4^- + 6H^+ \Longrightarrow 2Mn^{2+} + 10CO_2\uparrow + 8H_2O$$

此反应的电动势虽大,但反应速度较慢,Mn^{2+} 对此反应有催化作用,随着反应自身产生的 Mn^{2+} 浓度的增加,反应变快,如果加入 F$^-$ 把反应产生的 Mn^{2+} 结合起来,则反应依旧进行的较慢。

2. 为什么稀 HCl 不能和 MnO_2 反应,而浓 HCl 则能反应? 这里除 H^+ 浓度改变外,Cl^- 浓度的改变对反应有无影响?

3. 通过本实验,你能归纳出哪些因素影响电极电位? 怎样影响?

4. 电动势越大的反应是否进行的速率也越大? 催化剂改变反应速率,它能否改变化学反应的动向?

实验七　配合物性能与应用

【实验目的】

1. 比较配离子和简单离子的性质。
2. 比较配离子的稳定性。
3. 了解配合平衡与沉淀反应、氧化还原反应以及溶液酸度的关系。
4. 几种螯合物的应用。

【仪器、药品和材料】

仪器：试管、离心试管、离心机、滴管、点滴板。

药品：$FeCl_3$ 溶液（$0.1\ mol \cdot L^{-1}$）、$K_3[Fe(CN)_6]$ 溶液（$0.1\ mol \cdot L^{-1}$）、KSCN 溶液（$0.5\ mol \cdot L^{-1}$）、$Fe_2(SO_4)_3$ 溶液（$0.5\ mol \cdot L^{-1}$）、HCl 溶液（$6\ mol \cdot L^{-1}$）、$AgNO_3$ 溶液（$0.1\ mol \cdot L^{-1}$）、NaCl 溶液（$0.1\ mol \cdot L^{-1}$）、氨水溶液（$2\ mol \cdot L^{-1}$）、KBr 溶液（$0.1\ mol \cdot L^{-1}$）、$Na_2S_2O_3$ 溶液（$0.5\ mol \cdot L^{-1}$）、KI 溶液（$0.1\ mol \cdot L^{-1}$）、$FeCl_3$ 溶液（$0.5\ mol \cdot L^{-1}$）、$NiSO_4$ 溶液（$0.2\ mol \cdot L^{-1}$）、H_3BO_3 溶液（$0.1\ mol \cdot L^{-1}$）、NH_4SCN 溶液（1%）、NH_4F 溶液（10%）、饱和 $Al_2(SO_4)_3$ 溶液、饱和 K_2SO_4 溶液、饱和 $(NH_4)_2C_2O_4$ 溶液、铝试剂、$BaCl_2$ 溶液（$0.1\ mol \cdot L^{-1}$）、$Na_3[Co(NO_2)_6]$ 溶液、CCl_4、镍试剂、HAc-NaAc 缓冲溶液（pH=6.0）、固体 $CrCl_3 \cdot 6H_2O$。

材料：蒸馏水、pH 试纸。

【实验内容】

一、配离子和简单离子的性质比较

（1）$FeCl_3$ 与 $K_3[Fe(CN)_6]$ 的性质比较。A 试管中盛有 0.5 mL $0.1\ mol \cdot L^{-1}$ $FeCl_3$ 溶液、B 试管中盛有 0.5mL $0.1\ mol \cdot L^{-1}$ $K_3[Fe(CN)_6]$ 溶液，分别向 2 支试管中加入几滴 $0.5\ mol \cdot L^{-1}$ KSCN 溶液，观察有何变化。2 种化合物中都有 Fe(Ⅲ)，为什么实验结果不同？

（2）在离心试管中加入 2 mL 饱和 $Al_2(SO_4)_3$ 溶液和 2 mL 饱和 K_2SO_4 溶液，不断搅拌，并把离心试管放在冷水中冷却，即可析出明矾晶体。离心分离，弃去母液（尽量吸干），加少量水洗涤结晶，以除去残留的母液。取出晶体，用蒸馏水溶解,分别用 $Na_3[Co(NO_2)_6]$ 溶液、铝试剂、$0.1\ mol\cdot L^{-1}\ BaCl_2$ 溶液检出其中的 $K^{+①}$、$Al^{3+②}$ 和 SO_4^{2-}。

综合比较上述两个实验结果,讨论配离子与简单离子有什么区别?复盐和络盐有什么区别?

二、配离子稳定性的比较

往试管中加入 $0.5\ mL\ 0.5\ mol\cdot L^{-1}\ Fe_2(SO_4)_3$ 溶液,然后逐滴加入 $6\ mol\cdot L^{-1}\ HCl$ 溶液,观察溶液颜色的变化。再往溶液中加入 1 滴 1% NH_4SCN 溶液,溶液颜色有何变化?再往溶液中滴加 10% NH_4F 溶液,观察溶液颜色能否完全退去?最后往溶液中加几滴饱和 $(NH_4)_2C_2O_4$ 溶液,溶液颜色又有何变化③?

由溶液颜色的变化,比较这 4 种 Fe(Ⅲ)配离子的稳定性,并说明这些配离子之间的转化条件。

三、配合平衡的移动

1. 配合平衡与沉淀反应

往离心管内加入 $0.5\ mL\ 0.1\ mol\cdot L^{-1}\ AgNO_3$ 溶液和 $0.5\ mL$ $0.1\ mol\cdot L^{-1}\ NaCl$ 溶液,离心分离,弃去清液,并用少量蒸馏水洗涤沉淀,弃去洗涤液,然后加入 $2\ mol\cdot L^{-1}$ 氨水溶液至沉淀刚好溶解为止。

往以上溶液中加入 1 滴 $0.1\ mol\cdot L^{-1}\ NaCl$ 溶液,是否有 AgCl 沉淀生成?再加入 1 滴 $0.1\ mol\cdot L^{-1}\ KBr$ 溶液,有无 AgBr 沉淀生成?沉淀是什么颜色?继续加入 KBr 溶液,至不再产生 AgBr 沉淀为止。离心分离,弃去清液,并用少量蒸馏水把沉淀洗涤,弃去洗涤液,然后加入 $0.5\ mol\cdot L^{-1}\ Na_2S_2O_3$ 溶液,直到沉淀刚好溶解为止。

往以上溶液中加入 1 滴 KBr 溶液,是否有 AgBr 沉淀生成?再加入 1 滴 $0.1\ mol\cdot L^{-1}\ KI$ 溶液,有没有 AgI 沉淀产生?

---

① K^+ 的鉴定:

在中性或含少量醋酸的试液(如果酸度太大可加醋酸使酸度变弱)中,加入 $Na_3[Co(NO_2)_6]$ 溶液,如有 K^+ 存在,则生成亮黄色的 $K_3[Co(NO_2)_6]$ 沉淀。

② Al^{3+} 的鉴定:

置 1 滴试液于点滴板上,加 1 滴 0.1% 的铝试剂水溶液和 2 滴 HAc-NaAc 缓冲溶液(pH=6.0),如有 Al^{3+} 存在,则生成胶态分散的红色沉淀。

③ $[FeCl_6]^{3-}$ 呈黄色,$[FeSCN]^{2+}$ 呈血红色,$[FeF_6]^{3-}$ 为无色,$[Fe(C_2O_4)_3]^{3-}$ 为黄色。

根据以上实验的结果,讨论沉淀平衡与配合平衡的相互影响。并比较 AgCl、AgBr、AgI 的 K_{sp} 大小和 $[Ag(NH_3)_2]^+$、$[Ag(S_2O_3)_2]^{3-}$ 的 $K_稳$ 大小。写出实验中每步反应的离子方程式。

2. 配合反应平衡与氧化还原反应

在试管中加入 5 滴 0.5 mol·L^{-1} FeCl$_3$ 溶液,滴加 0.1 mol·L^{-1} KI 溶液至出现红棕色,然后加入 CCl$_4$,振荡后观察 CCl$_4$ 层颜色。解释现象,并写出有关反应方程式。

在另一试管中加入 5 滴 0.5 mol·L^{-1} FeCl$_3$ 溶液,然后逐滴加入 10% NH$_4$F 溶液直至溶液变成无色,再逐滴加入 0.1 mol·L^{-1} KI 溶液,有无红棕色出现? 解释现象,写出有关反应方程式,并讨论配合平衡对氧化还原平衡的影响。

3. 配合平衡和介质的酸碱性

在试管中加入 1 mL 0.5 mol·L^{-1} FeCl$_3$ 溶液,再逐滴滴入 10% NH$_4$F 溶液至无色得到混合溶液。将混合溶液均分到 2 支试管中,并向其中一支试管中滴加 2 mol·L^{-1} NaOH 溶液,向另一试管中滴加与此试管中混合溶液体积比为 1∶1 的 H$_2$SO$_4$ 溶液(因反应会产生 HF,最好在通风橱内进行),观察现象,并写出有关反应方程式,说明酸碱对配合平衡的影响。

四、螯合物的形成和应用

Ni^{2+} 的鉴定:在 0.5 mL 0.2 mol·L^{-1} NiSO$_4$ 溶液中滴加几滴镍试剂的酒精溶液,生成桃红色絮状沉淀是 Ni^{2+} 的特殊反应,因此可用丁二酮二肟来检测 Ni^{2+}。该反应若 H$^+$ 浓度过大,则不利于 Ni^{2+} 生成内络盐,而 OH$^-$ 浓度也不宜太高,否则会生成 Ni(OH)$_2$ 沉淀。合适的 pH 为 5~10,可通过加入少量的氨水溶液进行调节。

五、配合物水合异物现象

将少量未潮解的紫色 $CrCl_3 \cdot 6H_2O$ 晶体溶于水中,观察溶液的颜色,将溶液加热,溶液颜色有什么变化[①]?

六、形成配合物使弱酸的酸性发生改变

取一条完整的 pH 试纸,在它一端沾上 1 滴 $0.1\ mol \cdot L^{-1}\ H_3BO_3$,记下被 H_3BO_3 润湿处的 pH。待 H_3BO_3 不再扩散时,在距离扩散边界约 $0.5 \sim 1\ cm$ 的干 pH 试纸处,沾上 1 滴 $0.5\ mol \cdot L^{-1}$ 甘油,待两种溶液扩散重叠后,记下重叠处的 pH。说明 pH 变化的原因[②]。

【思考题】

1. 总结本实验中所观察到的现象,试说明有哪些因素影响配合平衡?

2. KSCN 溶液检查不出 $K_3[Fe(CN)_6]$ 溶液中的 Fe^{3+},这是否表明配合物的溶液中不存在 Fe^{3+}? 为什么 Na_2S 溶液不能使 $K_4[Fe(CN)_6]$ 溶液产生 FeS 沉淀,而饱和 H_2S 溶液能使铜氨配合物的溶液产生 CuS 沉淀?

3. 已知 $[Ag(S_2O_3)_2]^{3-}$ 比 $[Ag(NH_3)_2]^+$ 稳定,如果把 $Na_2S_2O_3$ 溶液加到 $[Ag(NH_3)_2]^+$ 溶液中会发生什么变化?

---

① 无水 $CrCl_3$ 是紫色,溶于水成绿色溶液。将其加热时颜色变暗。利用加入 $AgNO_3$ 生成 AgCl 沉淀和不同湿度下结晶的晶体在干燥器中用浓 H_2SO_4 脱水的方法,可测定它们的结构式:紫色晶体为 $[Cr(H_2O)_6]Cl_3$,冷溶液的结晶为 $[Cr(H_2O)_6Cl]Cl_2 \cdot H_2O$,热溶液的结晶为 $[Cr(H_2O)_4Cl_2]Cl \cdot 2H_2O$。

②

实验八　聚合硫酸铁的制备及性能测定

【实验目的】

(1)学习聚合硫酸铁的制备原理及方法。

(2)了解聚合硫酸铁的性能和用途。

【仪器和试剂】

仪器:分析天平,比重计,恒温摇床,电动搅拌器,酸度计,光电式浑浊度仪,Zeta 电位仪,250 mL 锥形瓶 4 个,量筒(50 mL 和 100 mL)各 1 个,100 mL 容量瓶 1 个,50 mL 烧杯 4 个,胶头滴管 1 个。

试剂:高岭土,固体 $NaClO_3$,固体 $FeSO_4 \cdot 7H_2O$,H_2SO_4 溶液(10%),标准缓冲溶液(pH=4.00、pH=6.68)。

【实验原理】

聚合硫酸铁(PFS),也称碱式硫酸铁或羟基硫酸铁,是一种新型高效的铁系无机高分子絮凝剂,其化学式可表示为 $[Fe_2(OH)_n(SO_4)_{3-\frac{n}{2}}]_m$,液体聚合硫酸铁本身含有大量的聚合阳离子,如 $[Fe_3(OH)_4]^{5+}$、$[Fe_6(OH)_{12}]^{6+}$、$[Fe_4O(OH)_4]^{6+}$ 等。其在水溶液中存在着 $[Fe(H_2O)_6]^{3+}$、$[Fe_2(H_2O)_3]^{3+}$、$[Fe(H_2O)_2]^{3+}$ 等配合阳离子,它们以羟基(—OH)架桥形成多核配离子,从而形成巨大的无机高分子化合物,相对分子量可高达 1×10^5。由于上述配离子的存在,它能够强烈地吸附胶体微粒,通过黏附、架桥、交联作用,促使微粒凝聚。同时伴随的一系列的物理、化学变化,可中和胶体微粒及悬浮物表面的电荷,降低胶体的 Zeta 电位,使胶体粒子由原来的相互排斥变为相互吸引,从而破坏了胶团的稳定性,促使胶团微粒相互碰撞,形成絮状沉淀。同传统的无机盐类混凝剂相比,聚合硫酸铁具有混凝性能优良、沉降快、除浊、脱色、除重金属离子等效果,无毒无害、成本低廉等优点,在自来水、工业用水、工业废水、城市污水的净化处理方面有广泛应用。目前开发生产的 PFS 有液体和固体两种,液体 PFS 为红褐色黏稠透明液体,固体 PFS 为黄色无定型固体,相对密度(d_4^{20})为 1.450。固体一般由液体转化而来,运输、储存更方便。

聚合硫酸铁的制备一般是以 $FeSO_4$ 为原料,在硫酸溶液中用氧化剂先将 $FeSO_4$ 氧化为 $Fe_2(SO_4)_3$,当溶液中 SO_4^{2-} 的量控制恰当时,$Fe_2(SO_4)_3$ 可继续

与溶液中的水反应生成碱式硫酸铁,此碱式硫酸铁再聚合即可得到聚合硫酸铁。反应方程式如下:

$$6FeSO_4 + 3H_2SO_4 + NaClO_3 \Longrightarrow 3Fe_2(SO_4)_3 + NaCl + 3H_2O$$

$$Fe_2(SO_4)_3 + nH_2O \Longrightarrow Fe_2(OH)_n(SO_4)_{3-\frac{n}{2}} + \frac{n}{2}H_2SO_4$$

$$m[Fe_2(OH)_n(SO_4)_{3-\frac{n}{2}}] \Longrightarrow [Fe_2(OH)_n(SO_4)_{3-\frac{n}{2}}]_m$$

$FeSO_4$ 的氧化可采用各种方法来实现,如催化氧化法主要用亚硝酸钠作为催化剂,用空气、MnO_2、$Na_2S_2O_8$ 等氧化剂氧化;直接氧化法常用 H_2O_2、$NaClO_3$、MnO_2、Cl_2 等氧化剂氧化。本实验采用 $NaClO_3$ 直接氧化法制备液体状聚合硫酸铁,测定产品的密度、pH 以及其混凝效果,表 3-6 给出了聚合硫酸铁的主要性能指标。

表 3-6 聚合硫酸铁的主要性能指标(GB 14591—2016)

指标项目	密度 (20℃)/(g·cm^{-3})	全铁的 质量分数/%	还原性物质(以 Fe^{2+} 计) 的质量分数/%	pH (10 g·L^{-1} 水溶液)
标准试样	≥1.45	≥11.0	≤0.10	1.5~3.0

【实验内容】

一、聚合硫酸铁的制备

先计算制备 20.0 mL 密度约为 1.450 g·mL^{-1} 聚合硫酸铁(Fe 质量分数为 11.0%,总 SO_4^{2-} 与总铁物质的量比为 1.25)所需的 $FeSO_4 \cdot 7H_2O$ 和 H_2SO_4 的量。在锥形瓶中加入 10.0 mL 10% 的 H_2SO_4 溶液,置于恒温摇床内加热至 40~50 ℃备用。分别称取所需的 $FeSO_4 \cdot 7H_2O$(约 15.8 g)和 1.0 g $NaClO_3$,各分成 10 份,在搅拌下分别将 2 份 $FeSO_4 \cdot 7H_2O$ 和 2 份 $NaClO_3$ 加入上述稀 H_2SO_4 溶液中,振摇 10 min 后,继续加入 1 份 $FeSO_4 \cdot 7H_2O$ 和 1 份 $NaClO_3$,以后每 5 min 加一次。为了使 $FeSO_4$ 充分氧化,最后再多加 0.1 g $NaClO_3$,继续振摇 10~15 min,冷却,倒入量筒中,加水至体积为 20.0 mL,即可得到含 Fe 质量分数约为 11.0% 的聚合硫酸铁产品。请描述产品的颜色及状态。

二、聚合硫酸铁的主要性能指标的测定

(1)密度测定。将聚合硫酸铁试样加入清洁、干燥的量筒内,不得有气泡。

将量筒置于(20 ± 0.1) ℃的恒温槽中,待温度恒定后,将比重计缓缓地放入试样中,待比重计在试样中稳定后,读出比重计的刻度,即为 20 ℃时试样的相对密度。

(2)pH 测定。称取 1.0 g 试样,置于烧杯中,用水稀释,全部转移到100 mL 容量瓶中,用水稀释至刻度,摇匀。用酸度计测定其 pH。

三、聚合硫酸铁的混凝效果实验

(1)分别在 4 个 100 mL 水样中加入稀释 100 倍的聚合硫酸铁溶液 0 mL、1 mL、3 mL 和 5 mL,在电动搅拌机上先快速搅拌 3 min 后,再慢速搅拌 3 min,静置 30 min 后,吸取上层清液,用光电式浑浊度仪测定浊度,并绘制聚合硫酸铁加入量与浊度的变化曲线图。

(2)Zeta 电位的测定。根据附录三的实验操作步骤,测量絮凝后水样的 Zeta 电位,并与纯水进行比较。

【思考题】

1. 聚合硫酸铁中存在着$[Fe_3(OH)_4]^{5+}$、$[Fe_6(OH)_{12}]^{6+}$、$[Fe_4O(OH)_4]^{6+}$ 等多种聚合态铁的配合物,因此具有优良的凝聚性能,它与其他铁盐混凝剂如 $FeSO_4$、$FeCl_3$、$Fe_2(SO_4)_3$ 比较还具有哪些优点?

2. 实验中将所需 $FeSO_4 \cdot 7H_2O$ 和 $NaClO_3$ 的量,各分成 10 份,然后分批加入的目的是什么?

实验九　铬和锰化合物的制备与性能

【实验目的】

(1)了解铬和锰的各种重要价态化合物的生成和性质。

(2)了解铬和锰的各种价态之间的转化。

(3)掌握铬和锰化合物的氧化还原性以及介质对氧化还原反应的影响。

(4)掌握 Cr^{3+} 和 Mn^{2+} 的鉴定方法。

【仪器、药品和材料】

仪器:试管、离心试管、离心机、酒精灯、烧杯、玻璃棒。

药品:NaOH 溶液(40%)、$CrCl_3$ 溶液(0.1 mol·L^{-1})、NaOH 溶液(2 mol·L^{-1})、H_2O_2溶液(3%)、Na_2S 溶液(0.1 mol·L^{-1})、$K_2Cr_2O_7$溶液(0.1 mol·L^{-1})、NaOH 溶液(1 mol·L^{-1})、H_2SO_4 溶液(1 mol·L^{-1})、$AgNO_3$ 溶液(0.1 mol·L^{-1})、HNO_3 溶液(6mol·L^{-1})、$MnSO_4$ 溶液(0.1mol·L^{-1})、HCl 溶液(2 mol·L^{-1})、$KMnO_4$ 溶液(0.1 mol·L^{-1})、H_2SO_4 溶液(3 mol·L^{-1})、NaOH 溶液(6 mol·L^{-1})、$FeCl_3$ 溶液(0.1 mol·L^{-1})、$MnSO_4$溶液(0.01 mol·L^{-1})、$BaCl_2$溶液(0.1 mol·L^{-1})、浓 HCl、$Pb(NO_3)_2$ 溶液(0.1 mol·L^{-1})、浓 H_2SO_4、乙醚、固体 Na_2SO_3、固体 $(NH_4)_2Cr_2O_7$、固体 MnO_2、固体 $NaBiO_3$。

材料:淀粉-KI 试纸、蒸馏水。

【实验内容】

一、铬

1.三价铬化合物的生成和性质

(1)三氧化二铬的生成和性质

在试管中加入半匙固体$(NH_4)_2Cr_2O_7$,加热使其完全分解,观察产物的颜色和状态;然后把产物分为三份,分别加入 2 mL 水、2 mL 浓 H_2SO_4、2 mL 质量分数为 40% 的 NaOH 溶液,加热至沸腾,观察固体是否溶解。解释之,写出反应方程式。

(2)$Cr(OH)_3$的制备和性质

由 0.1 mol·L^{-1} $CrCl_3$溶液和 2 mol·L^{-1} NaOH 溶液制备 $Cr(OH)_3$,并试验其两性性质,写出反应方程式。

（3）三价铬的还原性

在少量 $0.1\ mol\cdot L^{-1}$ $CrCl_3$ 溶液中，加入过量的 NaOH 溶液，待沉淀消失后，再加入 3% H_2O_2 溶液，加热，观察溶液的颜色变化，解释现象，并写出反应方程式。

（4）三价铬盐的水解

将 $0.1\ mol\cdot L^{-1}$ Na_2S 溶液与 $0.1\ mol\cdot L^{-1}$ $CrCl_3$ 溶液混合，证明得到的产物是 $Cr(OH)_3$ 而不是 Cr_2S_3，解释之，并写出反应方程式。

2. 六价铬的化合物的性质

（1）CrO_4^{2-} 与 $Cr_2O_7^{2-}$ 在溶液中的平衡和相互转化

在 $0.5\ mL$ $0.1\ mol\cdot L^{-1}$ $K_2Cr_2O_7$ 溶液中，逐渐滴加 $1\ mol\cdot L^{-1}$ NaOH 溶液使之呈碱性，观察颜色有何变化。再用 $1\ mol\cdot L^{-1}$ H_2SO_4 酸化之，又有何变化，写出反应方程式。

（2）$K_2Cr_2O_7$ 的氧化性

① 将 $0.5\ mL$ $0.1\ mol\cdot L^{-1}$ $K_2Cr_2O_7$ 溶液，用稀 H_2SO_4 酸化之，加入少量固体 Na_2SO_3，观察溶液颜色有何变化，写出反应方程式。

② 在 $0.5\ mL$ $0.1\ mol\cdot L^{-1}$ $K_2Cr_2O_7$ 溶液中，加入若干滴浓 HCl，加热，用淀粉-KI 试纸检验逸出气体。观察试纸和溶液颜色的变化，解释现象并写出反应方程式。

（3）微溶性铬酸盐的生成及溶解

在 3 支试管中，各加入 $0.5\ mL$ $0.1\ mol\cdot L^{-1}$ K_2CrO_4 溶液，再分别加入 $0.1\ mol\cdot L^{-1}$ $AgNO_3$ 溶液、$0.1\ mol\cdot L^{-1}$ $BaCl_2$ 溶液、$0.1\ mol\cdot L^{-1}$ $Pb(NO_3)_2$ 溶液。观察沉淀的颜色，弃去清液，试验这些沉淀是否溶于 $6\ mol\cdot L^{-1}$ HNO_3 溶液中。写出反应方程式。若用 HCl 溶液或 H_2SO_4 溶液，又会是什么结果？

3. Cr^{3+} 的鉴定

取 1～2 滴含有 Cr^{3+} 的溶液，加入 $2\ mol\cdot L^{-1}$ NaOH 溶液，使 Cr^{3+} 转化为 CrO_2^- 后再加入 2 滴 NaOH 溶液，然后加入 3 滴质量分数为 3% 的 H_2O_2 溶液，微热至溶液呈浅黄色。待试管冷却后，加入 $0.5\ mL$ 乙醚，然后慢慢滴入 $6\ mol\cdot L^{-1}$ HNO_3 溶液酸化，摇动试管，在乙醚层中出现深蓝色，表示有 Cr^{3+} 存在，写出反应方程式。

二、锰

1. 二价锰化合物的性质

取 3 支试管，各加几滴 $0.1\ mol\cdot L^{-1}$ $MnSO_4$ 溶液和 $2\ mol\cdot L^{-1}$ NaOH 溶

液,观察反应产物的颜色和状态,写出反应方程式;然后将一支试管轻轻振荡,使沉淀物与空气充分接触,观察有何变化。在另一支试管中,加入过量 $2\ mol\cdot L^{-1}$ HCl 溶液,观察沉淀有否溶解。往第三支试管中加入过量 $2\ mol\cdot L^{-1}$ NaOH 溶液,观察沉淀是否溶解。解释之。

2. MnO_2 的生成和性质

(1) 往 0.5 mL 0.01 $mol\cdot L^{-1}$ $KMnO_4$ 溶液中,滴加 0.1 $mol\cdot L^{-1}$ $MnSO_4$ 溶液,观察产物的颜色和状态,写出反应方程式。

(2) 取少量 MnO_2 固体粉末,加入 2 mL 浓 HCl,观察反应产物的颜色和状态。再加热,溶液的颜色有何变化? 有何种气体产生? 说明 $MnCl_4$ 的不稳定性。

如用 1 $mol\cdot L^{-1}$ HCl 溶液与固体 MnO_2 反应,能否产生氯气? 请用标准电位判断之。

3. 六价锰 MnO_4^{2-} 的生成

(1) 在 2 mL 0.1 $mol\cdot L^{-1}$ $KMnO_4$ 溶液中加入 1 mL 质量分数为 40% 的 NaOH 溶液,然后加入少量固体 MnO_2,微热,搅动后静置片刻,离心沉降,观察上层清液的颜色,并写出反应方程式。

(2) 取以上实验所得的绿色清液,加入 3 $mol\cdot L^{-1}$ H_2SO_4 溶液酸化,观察溶液颜色的变化和沉淀的析出,并写出反应方程式。

通过以上实验,试讨论锰的各种价态稳定性,并做出结论。

4. $KMnO_4$ 在不同介质中的氧化性

(1) $KMnO_4$ 在酸性介质中的氧化性

往 0.5 mL 0.1 $mol\cdot L^{-1}$ 新配制的 Na_2SO_3 溶液中加入 0.5 mL 1 $mol\cdot L^{-1}$ H_2SO_4 溶液,再加入几滴 0.1 $mol\cdot L^{-1}$ $KMnO_4$ 溶液,观察反应产物的颜色和状态,写出反应方程式。

(2) $KMnO_4$ 在中性介质中的氧化性

用 0.5 mL 蒸馏水代替 1 $mol\cdot L^{-1}$ H_2SO_4 溶液进行和(1)相同的试验。观察产物的颜色和状态,写出反应方程式。

(3) $KMnO_4$ 在碱性介质中的氧化性

往 0.5 mL 0.1 $mol\cdot L^{-1}$ 新配制的 Na_2SO_3 溶液中加入 0.5 mL 6 $mol\cdot L^{-1}$ NaOH 溶液,再加入几滴 0.1 $mol\cdot L^{-1}$ $KMnO_4$ 溶液。观察现象,写出反应方

程式。

根据以上三个实验结果，比较它们的产物有何不同？

5. Mn^{2+} 的鉴定

取 2 滴 0.01 $mol \cdot L^{-1}$ $MnSO_4$ 溶液滴入试管中，加入数滴 6 $mol \cdot L^{-1}$ HNO_3，然后再加入少量 $NaBiO_3$ 固体，微热，振荡，离心沉降后，上层清液呈紫红色，表示 Mn^{2+} 的存在。

【实验习题】

各取 0.5 mL 0.1 $mol \cdot L^{-1}$ $CrCl_3$ 溶液和 0.1 $mol \cdot L^{-1}$ $FeCl_3$ 溶液，分别与 0.01 $mol \cdot L^{-1}$ $MnSO_4$ 溶液混合均匀，将其中 Cr^{3+}、Fe^{3+} 与 Mn^{2+} 进行分离并鉴定，画出分离示意图。

【思考题】

1. 如何实现 $Cr(Ⅲ)$ 和 $Cr(Ⅳ)$，CrO_4^{2-} 和 $Cr_2O_7^{2-}$ 之间的相互转化，并说明它们之间的转化条件。

2. 为什么洗液能洗涤仪器？洗液使用一段时间后为什么就失效了？

3. 写出三种可以将 Mn^{2+} 氧化成 MnO_4^- 的强氧化剂，并用反应方程式表示所进行的反应。

4. $Mn(OH)_2$ 是否为两性？将 $Mn(OH)_2$ 放在空气中将发生什么变化？

5. $KMnO_4$ 溶液为什么要保存在棕色瓶中？

6. 以 $KMnO_4$ 作为氧化剂在不同介质中产生的还原产物有何不同？并各举一反应实例说明。

实验十 铁、钴、镍化合物的制备与性能

【实验目的】

(1)掌握二价及三价铁、钴、镍氢氧化物的制备和性质。

(2)掌握铁、钴、镍盐的氧化还原性。

(3)了解铁、钴、镍硫化物的生成和性质。

(4)了解铁、钴、镍配合物的生成以及 Fe^{3+}、Fe^{2+}、Co^{2+}、Ni^{2+} 的鉴定方法。

【仪器、药品和材料】

仪器:试管、酒精灯、滴管。

药品:H_2SO_4溶液($2\ mol \cdot L^{-1}$)、NaOH 溶液($6\ mol \cdot L^{-1}$)、$CoCl_2$溶液($0.5\ mol \cdot L^{-1}$)、NaOH 溶液($2\ mol \cdot L^{-1}$)、$NiSO_4$溶液($0.2\ mol \cdot L^{-1}$)、$FeCl_3$溶液($0.2\ mol \cdot L^{-1}$)、HCl 溶液($2\ mol \cdot L^{-1}$)、氨水溶液($2\ mol \cdot L^{-1}$)、$CoCl_2$溶液($0.1\ mol \cdot L^{-1}$)、$(NH_4)_2Fe(SO_4)_2$溶液($0.1\ mol \cdot L^{-1}$)、$NiSO_4$溶液($0.1\ mol \cdot L^{-1}$)、H_2O_2溶液(3%)、$K_4[Fe(CN)_6]$溶液、碘水、固体 KSCN、硫酸亚铁铵晶体、浓氨溶液、氯水溶液、浓 HCl、丙酮、饱和 H_2S 溶液、丁二酮二肟溶液(1%)。

材料:蒸馏水、淀粉-KI 试纸。

【实验内容】

一、二价铁、钴、镍的氢氧化物的制备和性质

1.$Fe(OH)_2$的制备和性质

在试管中加入 $1\ mL$ 蒸馏水和 $1\sim2$ 滴 $2\ mol \cdot L^{-1}$ H_2SO_4溶液,煮沸以赶尽溶于其中的氧气,然后溶入少量硫酸亚铁铵晶体。在另一试管中加入 $1\ mL$ $6\ mol \cdot L^{-1}$ NaOH 溶液,煮沸片刻(为什么?)。冷却后,用滴管吸取 $0.5\ mL$ $6\ mol \cdot L^{-1}$ NaOH 溶液,插入硫酸亚铁铵溶液内(直插至试管底部),慢慢放出 NaOH 溶液。观察产物的颜色和状态,并试验 $Fe(OH)_2$的酸碱性。

用同样的方法,再制备 1 份 $Fe(OH)_2$,摇荡后放置一段时间,观察有无变化,写出反应方程式。

2.$Co(OH)_2$制备和性质

往 3 支分别盛有 $0.5\ mL$ $0.5\ mol \cdot L^{-1}$ $CoCl_2$溶液的试管中滴加$2\ mol \cdot L^{-1}$

NaOH 溶液,制得 3 份沉淀,注意观察反应产物的颜色和状态。取 2 份沉淀试验其酸碱性;取 1 份沉淀静置片刻后,观察沉淀颜色的变化。解释现象并写出反应方程式。

3. $Ni(OH)_2$ 的制备和性质

往 3 支分别装有 0.5 mL 0.2 mol·L^{-1} $NiSO_4$ 溶液的试管中滴加2 mol·L^{-1} NaOH 溶液,观察反应产物的颜色和状态。写出反应方程式,并检验 $Ni(OH)_2$ 的酸碱性和观察 $Ni(OH)_2$ 在空气中放置时颜色是否发生变化。

根据以上实验结果,试对二价铁、钴、镍的氢氧化物的酸碱性和还原性做出结论。

二、三价铁、钴、镍的氢氧化物的制备和性质

1. $Fe(OH)_3$ 制备和性质

在盛有 2 mL 0.2 mol·L^{-1} $FeCl_3$溶液的试管中滴加 2 mol·L^{-1} NaOH 溶液,观察反应产物的颜色和状态。然后将沉淀分成 2 份,向一份中加 0.5 mL 浓 HCl,沉淀是否溶解? 检验有无氯气产生;往另一份中加入少量水,并加热至沸腾,观察有无变化,解释上述现象,写出反应方程式。

2. $Co(OH)_3$ 的制备和性质

在 1 mL 0.5 mol·L^{-1} $CoCl_2$ 溶液中加入数滴氯水,再滴加 2 mol·L^{-1} NaOH 溶液,观察反应产物的颜色和状态。将溶液加热至沸腾,静置后,吸去上面的清液,将沉淀用蒸馏水洗 2 次;然后往沉淀中滴加浓 HCl,微热之,观察有何变化。检验气体产物是什么。写出反应方程式。最后用水稀释上述溶液,其颜色有何变化? 解释现象。

3. $Ni(OH)_3$ 的制备和性质

用与上面制备 $Co(OH)_3$ 相同的方法,由 $NiSO_4$ 溶液制备 $Ni(OH)_3$,检验 $Ni(OH)_3$ 和浓 HCl 作用时是否能产生氯气。

说明三价铁、钴、镍氢氧化物的颜色与二价铁、钴、镍氢氧化物有何不同? 在酸性溶液中三价铁、钴、镍的氧化性有何不同?

三、铁、钴、镍的硫化物

在 3 支试管中,分别加入 0.1 mol·L^{-1} $(NH_4)_2Fe(SO_4)_2$ 溶液、0.1 mol·L^{-1} $CoCl_2$溶液、0.1 mol·L^{-1} $NiSO_4$溶液,各加入 2 mol·L^{-1} HCl 溶液酸化,再加入 H_2S 饱和溶液,有无沉淀产生? 然后各加入 2 mol·L^{-1} 氨水

溶液,有无沉淀产生? 在各沉淀中加入稀 HCl,沉淀是否都溶解?

四、配合物的生成与 Fe^{2+}、Fe^{3+}、Co^{2+}、Ni^{2+} 的鉴定

1. 铁的配合物

(1)往盛有 2 mL $K_4[Fe(CN)_6]$(黄血盐)溶液的试管中注入约 0.5 mL 碘水,摇动试管后再滴入数滴 $(NH_4)_2Fe(SO_4)_2$ 溶液,有何现象产生? 可以用此来鉴定 Fe^{2+},具体反应方程式如下:

$$2[Fe(CN)_6]^{4-} + I_2 =\!=\!= 2[Fe(CN)_6]^{3-} + 2I^-$$

$$2[Fe(CN)_6]^{3-} + 3Fe^{2+} =\!=\!= Fe_3[Fe(CN)_6]_2 \downarrow (滕氏蓝)$$

(2)向盛有 2 mL 0.2 $mol \cdot L^{-1}$ $(NH_4)_2Fe(SO_4)_2$ 溶液的试管中滴入 0.5 mL 碘水,摇动试管后有无现象? 将溶液分成 2 份,并各滴入数滴 0.1 $mol \cdot L^{-1}$ KSCN 溶液,然后向其中一支试管中加入约 1 mL 质量分数为 3% 的 H_2O_2 溶液,观察 2 支试管中颜色的变化。呈血红色者表示含有 Fe^{3+},可以用此来鉴定 Fe^{3+},具体反应方程式如下:

$$2Fe^{2+} + 2H^+ + H_2O_2 \longrightarrow 2Fe^{3+} + 2H_2O$$

$$Fe^{3+} + nSCN^- \longrightarrow [Fe(SCN)n]^{3-n} \quad (n=1\sim6)$$

用电极电位解释为什么 I_2 能氧化 $[Fe(CN)_6]^{4-}$ 而不能氧化 Fe^{2+}?

(3)往盛有 1 mL 0.2 $mol \cdot L^{-1}$ $FeCl_3$ 溶液的试管中,滴入浓氨溶液直至过量,观察沉淀是否溶解。

2. 钴的配合物

(1)往盛有 0.5 mL 0.1 $mol \cdot L^{-1}$ $CoCl_2$ 溶液中,加入少量固体 KSCN,观察固体周围的颜色,再加入 1 mL 丙酮,振荡后,观察水相和有机相的颜色,蓝色 $[Co(SCN)_4]^{2-}$ 的生成可用来鉴定 Co^{2+}。

(2)往 0.5 mL 0.1 $mol \cdot L^{-1}$ $CoCl_2$ 溶液中,慢慢滴入 2 $mol \cdot L^{-1}$ 氨水溶液至生成沉淀,然后滴浓氨溶液至生成的沉淀刚好溶解为止,静置一段时间后,观察溶液颜色有何变化。反应方程式如下:

$$CoCl_2 + NH_3 + H_2O \longrightarrow Co(OH)Cl(s) + NH_4Cl$$

$$Co(OH)Cl + 7NH_3 + H_2O \longrightarrow [Co(NH_3)_6](OH)_2 + NH_4Cl$$

$$2[Co(NH_3)_6](OH)_2 + \frac{1}{2}O_2 + H_2O \longrightarrow 2[Co(NH_3)_6](OH)_3$$

3. 镍的配合物

(1)往 0.1 mol·L⁻¹ NiSO₄ 溶液中,加入几滴 2 mol·L⁻¹ 氨水,微热,观察绿色碱式盐沉淀的生成;然后再加入 2 mol·L⁻¹ 氨水溶液,观察沉淀溶解和溶液的颜色变化,写出反应方程式。

将上述溶液分成 3 份,分别加入 2 mol·L⁻¹ NaOH 溶液、2 mol·L⁻¹ H₂SO₄溶液和加热。观察有何变化,说明镍氨配合物的稳定性。

(2)在 5 滴 0.1 mol·L⁻¹ NiSO₄溶液中,加入 5 滴 2 mol·L⁻¹ 氨水溶液,再加入 1 滴质量分数为 1% 的丁二酮二肟溶液。由于 Ni^{2+} 与丁二酮二肟生成稳定的螯合物而产生红色沉淀,该反应用来鉴定 Ni^{2+},反应方程式见实验七"配合物性能与应用"。

【实验习题】

1. 自己设计分离和鉴定:

(1)同一溶液中的 Fe^{2+} 和 Co^{2+},并画出分离示意图。

(2)同一溶液中的 Cr^{3+}、Fe^{3+} 和 Ni^{2+},并画出分离示意图。

【思考题】

1. 结合实验结果,比较二价铁、钴、镍还原性大小和三价铁、钴、镍的氧化性大小。

2. 在碱性介质中氯水能把二价钴氧化成三价钴,而在酸性介质中三价钴又能把氯离子氧化成氯气,二者有无矛盾? 为什么?

3. 为什么在碱性介质中二价铁易被空气中的氧气氧化成三价铁?

4. 鉴别 Fe^{3+}、Fe^{2+}、Co^{2+}、Ni^{2+}。

5. 有一浅绿色晶体 A 可溶于水得到溶液 B,于 B 中注入饱和 NaHCO₃ 溶液,有白色沉淀 C 和气体 D 生成。C 在空气中逐渐变成棕色,将气体 D 通入澄清的石灰水会变浑浊。若将溶液 B 加以酸化,再加入一滴紫红色溶液 E,则得到浅黄色溶液 F,于 F 中注入黄血盐溶液,立即产生深蓝色的沉淀 G。

若溶液 B 中注入 BaCl₂ 溶液,有白色沉淀 H 析出,此沉淀不溶于强酸。

问 A、B、C、D、E、F、G、H 分别是什么物质,写出分子式,并写出有关的反应方程式。

实验十一　硫酸铜的制备

【实验目的】

(1)练习和掌握加热、蒸发浓缩,常压过滤及减压过滤,重结晶等基本操作。

(2)了解由金属与酸作用制备盐的方法。

【仪器、药品和材料】

仪器:蒸发皿、托盘天平、烧杯、普通漏斗、布氏漏斗、真空泵。

药品:HNO_3 溶液(1 mol·L^{-1})、H_2SO_4 溶液(3 mol·L^{-1})、H_2O_2 溶液(3%)、氨水溶液(6 mol·L^{-1})、氨水溶液(2 mol·L^{-1})、H_2SO_4 溶液(1 mol·L^{-1})、KSCN 溶液(1 mol·L^{-1})、粗铜片、浓氨溶液、浓 HNO_3。

材料:蒸馏水、滤纸。

【实验原理】

纯铜不活泼,不能溶于非氧化性的酸中。但其氧化物在稀酸中却极易溶解。因此在工业上制备胆矾时,先把铜烧成氧化铜,然后与适当浓度的硫酸作用生成硫酸铜。本实验采用浓硝酸作氧化剂,以铜片与硫酸、浓硝酸作用来制备硫酸铜。溶液中生成硫酸铜外,还含有一定量的硝酸铜和其他一些可溶性或不溶性的杂质。不溶性杂质可过滤除去,硫酸铜和硝酸铜可利用它们在水中溶解度的不同将硫酸铜分离、提纯,硫酸铜和硝酸铜在水中的溶解度见表 3-7 所列。

表 3-7　硫酸铜和硝酸铜在水中的溶解度(g/100 g 水)

化合物	溶解度				
	0 ℃	20 ℃	40 ℃	60 ℃	80 ℃
$CuSO_4 \cdot 5H_2O$	14.3	20.7	28.5	40.0	55.0
$Cu(NO_3)_2 \cdot 6H_2O$	81.8	125.1	—	—	—
$Cu(NO_3)_2 \cdot 3H_2O$	83.5	125.0	159.8	178.8	207.8

由表 3-7 中数据可见,硝酸铜在水中的溶解度不论在高温或低温下都比硫酸铜大得多。因此,当热溶液冷却到一定温度时,硫酸铜首先达到过饱和而

开始从溶液中结晶析出。随着温度的继续下降,硫酸铜不断从溶液中析出,硝酸铜则大部分仍留在溶液中,只有小部分随着硫酸铜析出。这小部分硝酸铜所含的一些可溶性杂质,可再经重结晶的方法而被除去,最后达到制得纯硫酸铜的目的。

【实验内容】

一、铜片的净化

称取 4.5 g 剪细的铜片,放在蒸发皿中,加入 10 mL 1 mol·L^{-1} HNO$_3$ 溶液,在小火上微热,以洗去铜片上的污物(注意不要加热太久,以免使铜过多地溶解在稀 HNO$_3$ 中,影响产率)。用倾析法除去酸液,并用水洗净铜片[①]。

二、五水硫酸铜的制备

在通风柜中,往盛有铜片的蒸发皿中加入 16 mL 3 mol·L^{-1} H$_2$SO$_4$溶液,然后慢慢加入浓 HNO$_3$ 溶液以形成混酸(此过程应根据反应情况的不同而决定补加混酸的量)。待反应完全后(铜片近于全部溶解),趁热用倾析法将溶液转至一个小烧杯中,留下不溶性杂质,然后再将 CuSO$_4$ 溶液转回到洗净的蒸发皿中,在水浴上缓慢加热,浓缩至表面有晶体膜出现为止。取下蒸发皿,使溶液逐渐冷却,析出蓝色的 CuSO$_4$·5H$_2$O 晶体。抽滤、称重,计算产率(以湿品计算,应不少于 85%)。

产品质量 _____ g;

理论产量 _____ g;

产　　率 _____ %。

三、重结晶法提纯五水硫酸铜

将上面制得的粗 CuSO$_4$·5H$_2$O 晶体在台秤上称出 1 g 留做分析用,其余放在小烧杯中,按 CuSO$_4$·5H$_2$O 与 H$_2$O 的质量比为 1∶3 加入纯水,加热搅拌,促使溶解。滴加 2 mL 3% H$_2$O$_2$,将溶液加热,同时逐滴加入 2 mol·L^{-1} 氨水溶液或 0.5 mol·L^{-1} NaOH 溶液,直到溶液 pH＝4,再多滴 1~2 滴,加热片刻,静置使水解产物 Fe(OH)$_3$ 沉降。用倾析法在普通漏斗上过滤,滤液流入洁净的蒸发皿中。在提纯后的滤液中,滴加 1 mol·L^{-1} H$_2$SO$_4$ 溶液酸化,调节

———————————

① 如果用废铜屑为原料,应先放在蒸发皿中,以强火灼烧至表面生成黑色的 CuO 为止,自然冷却,再进行粗 CuSO$_4$·5H$_2$O 的制备。

pH 至 1~2,然后在石棉网上加热、蒸发、浓缩至液面出现一层结晶膜时,即停止加热。以冷水冷却,结晶抽滤,取出结晶,放在两层滤纸中间挤压,以吸干水分,称重。计算产率。

产品质量_____ g;

理论产量_____ g;

产品产率_____ g。

四、产品纯度检验[①]

(1)将 1 g 粗 $CuSO_4 \cdot 5H_2O$ 晶体,放在小烧杯中,用 10 mL 蒸馏水溶解,加入 1 mL 1 mol·L^{-1} H_2SO_4 溶液酸化,然后加入 2 mL 质量分数为 3% 的 H_2O_2 溶液,煮沸片刻,使其中的 Fe^{2+} 氧化成 Fe^{3+}。待溶液冷却后,搅拌下逐滴加入 6 mol·L^{-1} 氨水溶液,直至最初生成的蓝色沉淀完全溶解,溶液呈深蓝色为止。此时,Fe^{3+} 成为 $Fe(OH)_3$ 沉淀,而 Cu^{2+} 则成为 $[Cu(NH_3)_4]^{2+}$,在漏斗上以滤纸下部小部分过滤[②],然后用滴管以 2 mol·L^{-1} 氨水溶液洗涤,直到蓝色消失为止,此时 $Fe(OH)_3$ 黄色沉淀留在滤纸上。拿起滤纸以极少量蒸馏水冲掉滤纸外部和漏斗上部的蓝色溶液后,滤纸仍放在漏斗上,用滴管将 3 mL 热的 2 mol·L^{-1} HCl 滴在滤纸上,溶解 $Fe(OH)_3$ 沉淀,以洁净试管接收滤液;然后在滤液中滴入 2 滴 1 mol·L^{-1} KSCN 溶液,观察血红色配合物的产生,同时保留溶液供后面比较用。

(2)称取 1 g 提纯过的 $CuSO_4 \cdot 5H_2O$ 晶体,重复上述操作,比较两种溶液血红色的深浅,确定产品的纯度。

【思考题】

1. 如何制备完整的大晶体?

2. 总结和比较各种过滤方法的优缺点。

---

① 试剂 $CuSO_4 \cdot 5H_2O$ 杂质含量规定请参照 GB/T 655—2007。

② 若溶液倒的太多,则滤纸会被蓝色溶液全部或大部分浸润,以致下步用氨水溶液过多或洗不彻底。洗不彻底时,便会在用盐酸洗沉淀时一起被冲至试管中,遇到大量 SCN^- 生成黑色 $Cu(SCN)_2$ 沉淀而影响分析结果。

实验十二　硫酸亚铁铵的制备

【实验目的】

(1)了解复盐的制备方法。

(2)熟练过滤、蒸发、结晶等基本操作。

(3)了解目测比色法检验产品质量的方法。

【仪器、药品和材料】

仪器:台秤、石棉网、酒精灯、布氏漏斗、吸滤瓶、真空泵、烧杯、蒸发皿、表面皿、比色管(25 mL)。

药品:HCl 溶液(2 mol·L^{-1})、H$_2$SO$_4$ 溶液(3 mol·L^{-1})、NaOH 溶液(2 mol·L^{-1})、Na$_2$CO$_3$ 溶液(10%)、KSCN 溶液(1 mol·L^{-1})、BaCl$_2$ 溶液(0.1 mol·L^{-1})、K$_3$[Fe(CN)$_6$]溶液(6 g·L^{-1})、固体(NH$_4$)$_2$SO$_4$。

材料:pH 试纸、滤纸。

【实验原理】

铁溶于稀硫酸中生成硫酸亚铁,它与等摩尔数的硫酸铵在水溶液中相互作用,即生成溶解度较小的浅蓝绿色硫酸亚铁复盐晶体,反应方程式如下:

$$Fe + H_2SO_4 =\!=\!= FeSO_4 + H_2 \uparrow$$

$$FeSO_4 + (NH_4)_2SO_4 + 6H_2O =\!=\!= FeSO_4 \cdot (NH_4)_2SO_4 \cdot 6H_2O \downarrow$$

在空气中亚铁盐通常都易被氧化,但形成的复盐比较稳定,不易被氧化。

【实验内容】

一、铁屑表面油污的去除

称取 4 g 铁屑,放在小烧杯中,加入 20 mL 质量分数为 10% 的 Na$_2$CO$_3$ 溶液,小火加热约 10 min,用倾析法除去碱液,用水把铁屑冲洗干净至中性备用。

二、硫酸亚铁的制备

在盛有 4 g 铁屑的小烧杯中倒入 30 mL 3 mol·L^{-1} H$_2$SO$_4$ 溶液,盖上表面皿,放在石棉网上用小火加热,使铁屑和 H$_2$SO$_4$ 反应直至不再有气泡冒出为止(约需 20 min)。在加热过程中应不时加入少量水,以补充被蒸发掉的水分,这样做可以防止 FeSO$_4$ 结晶出来。趁热减压过滤,滤液立即转移至蒸发皿中,此时溶液的 pH 应在 1 左右。

三、硫酸亚铁铵的制备

根据 FeSO$_4$ 的理论产量,按照化学反应式计算所需固体(NH$_4$)$_2$SO$_4$ 的质量。在室温下将称取的(HN$_4$)$_2$SO$_4$ 配制成饱和溶液加到 FeSO$_4$ 溶液中,混合均匀,并用 3 mol·L^{-1} H$_2$SO$_4$ 溶液调节 pH 为 1～2。用小火蒸发浓缩至表面出现晶体膜为止(蒸发过程中不宜搅动)。放置使溶液慢慢冷却,硫酸亚铁铵即可结晶出来。用减压过滤法滤出晶体,把晶体用滤纸吸干。观察晶体的形状和颜色,称出质量并计算产率。

四、产品检验

(1)试用实验方法证明产品中含有 NH$_4^+$、Fe^{2+} 和 SO$_4^{2-}$。

(2)利用目测比色法检验产品质量,具体方法如下。

配制标准溶液:首先,由实验室准备质量分数分别为 0.05％、0.1％ 和 0.2％ 的 Fe^{3+} 标准溶液。其次,取 3 支 25 mL 比色管,分别标记为 1 号比色管、2 号比色管和 3 号比色管,向 1 号比色管中加入 15 mL 质量分数为 0.05％ 的 Fe^{3+} 标准溶液,相当于一级试剂的标准溶液;向 2 号比色管中加入 15 mL 质量分数为 0.1％ 的 Fe^{3+} 标准溶液,相当于二级试剂的标准溶液;向 3 号比色管中加入 15 mL 质量分数为 0.2％ 的 Fe^{3+} 标准溶液,相当于三级试剂的标准溶液。再次,分别向 1 号比色管、2 号比色管和 3 号比色管中加入 2 mL 2mol·L^{-1} HCl 溶液和 1 mL 1 mol·L^{-1} KSCN 溶液,再加入不含氧的蒸馏水至 25 mL,摇匀后作为参比标准溶液。

检验方法:称取 1 g 产品置于 25 mL 比色管中,用 15 mL 不含氧的蒸馏水溶解,加入 2 mL 2 mol·L^{-1} HCl 溶液和 1 mL 1 mol·L^{-1} KSCN 溶液,再加入不含氧的蒸馏水至 25 mL,摇匀后,将呈现的红色与上述参比标准溶液的红色进行比较,确定 Fe^{3+} 的含量符合哪一级的试剂规格。

硫酸铵、水合硫酸亚铁和硫酸亚铁铵在水中的溶解度数据见表 3 - 8 所列。

表 3-8　硫酸铵、水合硫酸亚铁和硫酸亚铁铵在水中的溶解度数据(g/100 g 水)

化合物	溶解度					
	10 ℃	20 ℃	30 ℃	40 ℃	50 ℃	70 ℃
$(NH_4)_2SO_4$	73.00	75.40	78.00	81.00	84.50	91.9
$FeSO_4 \cdot 7H_2O$	40.0	48.0	60.0	73.3	—	—
$(NH_4)_2SO_4 \cdot FeSO_4 \cdot 6H_2O$	18.1	21.2	24.5	27.9	31.3	38.5

【思考题】

1. 铁屑表面的油污是怎样除去的?

2. 为什么制备硫酸亚铁铵晶体时,溶液必须呈酸性?

3. 如何计算 $FeSO_4$ 的理论产量和反应所需 $(NH_4)_2SO_4$ 的质量?

4. 怎样证明产品中含有 NH_4^+、Fe^{2+} 和 SO_4^{2-}? 怎样分析产品中 Fe^{3+} 的含量?

实验十三 配合物的制备及其组成分析

【实验目的】

(1)制备铜氨、钴氨配合物。

(2)掌握电导法测定配离子电荷的原理和方法。

(3)测定钴氨配合物的组成。

【仪器、药品和材料】

仪器:托盘天平、分析天平、锥形瓶、吸滤瓶、布氏漏斗、量筒、滴定管、普通漏斗、烧杯、玻璃管、pH 计、电导仪。

药品:HCl 溶液(6 mol·L^{-1})、浓 HCl、HCl 标准溶液(0.5 mol·L^{-1})、NaOH 溶液(10%)、NaOH 标准溶液(0.5 mol·L^{-1})、H$_2$O$_2$ 溶液(10%)、Na$_2$S$_2$O$_3$ 标准溶液(0.1 mol·L^{-1})、AgNO$_3$ 标准溶液(0.1 mol·L^{-1})、K$_2$Cr$_2$O$_7$ 溶液(5%)、甲基红指示液(0.1%)、淀粉溶液(0.2%)、固体 NH$_4$Cl、固体 KI、固体 CuSO$_4$·5H$_2$O、固体 CoCl$_2$·6H$_2$O、无水乙醇、浓氨溶液、活性炭。

材料:蒸馏水、滤纸。

【实验原理】

本实验中合成两个配合物:[Cu(NH$_3$)$_4$]SO$_4$·H$_2$O 和[Co(NH$_3$)$_6$]Cl$_3$。

方括号内表示配离子,它是中心离子和配位体组成的整体,即配位体直接与中心离子键合,称为配合物的内界,而方括号以外的部分称为配合物外界。本实验通过配体取代反应即一个配体取代中心离子上的另一个配体制备配合物,反应通常在水溶液中进行,金属离子的任何反应都是从水合离子出发,任何配体与金属形成配合物都是该配体取代金属离子上的水分子。如:

$$[Cu(H_2O)_4]^{2+}(aq) + 4NH_3(aq) = [Cu(NH_3)_4]^{2+}(aq) + 4H_2O$$

在许多配离子形成的反应中,反应速度是很快的,这些反应服从化学平衡规律。因此通过改变反应条件,可以控制反应方向,上述反应在氨浓度较高的情况下可以向右移动,而降低氨浓度如加入酸,将重新生成铜的水合阳离子,取代反应进行得很快的配合物称为活性配合物。但并不是所有配合物都是活性的,某些配合物包括本实验合成的配合物,以比较慢的速度交换配体,称为惰性或非活性配合物,取代反应中产生的配离子可能动力学上是稳定的,而不是热力学上有利。不同的反应条件,加入催化剂等可能改变形成配离子的相对速度,从而改变反应中产生的配离子。许多配合物无论是在溶液中,还是固体状态,都有颜色,测定配合物是否活性的一个简单方法是加入一个强的配位体,观察该溶液的颜色变化,从而确定取代反应的相对速度。

配位数是配合物的重要特征之一。配位数是指在配合物中直接与中心离子(或原子)相连的配位原子的总数。中心离子的配位数已知的有 2~12,其中较常见的是 2、4、6。

中心离子的配位数的大小主要取决于中心离子和配体的性质,其中两者的体积及所带的电荷起重要的作用。一般来说,中心离子的体积和电荷越大,就越有利于形成配位数较大的配合物,配体体积越大,则配位数越小;当配体为阴离子时,它的电荷越小就越有利于形成配位数较大的配合物。此外,配位数的大小还与中心离子的电子分布情况有关,与配合物形成时的外界条件也有关,特别是与温度和溶液的浓度有关。一般来说,配体浓度越大,温度越低,配位数也就越大。

测定配合物的配位数的方法很多,包括近代实验方法、X 射线分析、紫外及可见光谱、红外光谱、核磁共振等,本实验用 pH 滴定法测定铜氨配离子的配位数。

将铜氨配合物溶于过量的盐酸中,溶液中的 $[Cu(NH_3)_n]^{2+}$ 将发生如下反应:

$$[Cu(NH_3)_n]^{2+} + nH^+ \longrightarrow Cu^{2+} + nNH_4^+$$

向该溶液中加入 NaOH 溶液时,则首先中和过量的盐酸,反应方程式如下:

$$H^+ + OH^- \longrightarrow H_2O$$

接着,与 Cu^{2+} 反应生成 $Cu(OH)_2$,反应方程式如下:

$$Cu^{2+} + 2OH^- \longrightarrow Cu(OH)_2 \downarrow$$

由上可知溶液中 Cu^{2+} 的量。

最后,溶液中的 NH_4^+ 与 OH^- 反应生成 NH_3。

$$NH_4^+ + OH^- \longrightarrow NH_3 + H_2O$$

溶液中 NH_4^+ 的量可由与铜氨配离子反应的盐酸的量来求得。也就是从最初所加的盐酸总量减去 NaOH 中和掉的盐酸量,即与铜氨配离子完全反应所需的盐酸量。

配离子的电荷也是配离子的重要参数,测定配离子的电荷对了解配合物的结构和性质有着重要的作用,最常用的测定方法是离子交换法和电导法。

本实验用电导法测定配离子的电荷。电导就是电阻的倒数,用 L 来表示,单位为 Ω^{-1}。溶液的电导是该溶液传导电流能力的量度。在电导池中,溶液电导 L 的大小与两极之间的距离 l 成反比,与电极的面积 S 成正比:

$$L = k\frac{S}{l}$$

式中,k 为电导率,即 l 为 1 m、S 为 1 m² 时溶液的电导,单位为 $\Omega^{-1} \cdot m^{-1}$。因此电导率 k 与电导池的结构无关。

电解质溶液的电导率 k 随溶液离子数目的不同而变化,即电导率 k 随溶液浓度的不同而变化。因此,可以用摩尔电导率 Λ_m 来衡量电解质溶液的导电能力,摩尔电导率 Λ_m 的定义为 1 mol 电解质溶液置于相距为 1 m 的两电极间的电导,摩尔电导率与电导率之间有如下关系:

$$\Lambda_m = k/C$$

式中,C 为电解质溶液物质的量浓度,单位为 $mol \cdot m^{-3}$;k 为电导率;Λ_m 的单位为 $\Omega^{-1} \cdot m^2 \cdot mol^{-1}$。

如果测得一系列已知离子数物质的 Λ_m 和被测配合物的 Λ_m 相比较,即可求得配合物的离子总数;或直接测定其配离子的 Λ_m,由 Λ_m 的数值范围来确定其配离子数,从而可以确定配离子的电荷数。25 ℃时在稀的水溶液中电离出不同离子数的 Λ_m 见表 3-9 所列。

表 3-9 25 ℃时在稀的水溶液电离出不同离子数的 Λ_m

离子数	2	3	4	5
$\Lambda_m/(\Omega^{-1} \cdot m^2 \cdot mol^{-1})$	118~133	235~273	408~435	523~560

用红外光谱可以鉴定化合物或测定化合物的结构。电磁辐射作用于物质的分子,如果其能量与电子振动或转动能量差相当时,将引起能级跃迁,此能量的辐射即被吸收,记录强度对波关系,即得吸收光谱。

分子的能量可以近似地分为三部分:分子中的电子运动、组成分子的原子振动和转动。振动和转动能级跃迁出现在红外区,纯转动能级跃迁出现在远红外及微波区。

红外区可分为三个亚区,近红外区(波长 $0.78\sim2.5\ \mu m$)、中红外区(波区 $2.5\sim25\ \mu m$)、远红外区($25\sim1000\ \mu m$)。近红外区波长较短,能量较大,绝大多数有机化合物和许多无机化合物化学键振动的基频都在中红外区,在此区内,几乎所有化合物都有自己特征的红外光谱,因此如同利用熔点、沸点或其他物理性质那样,可以用红外光谱来鉴定化合物。

【实验内容】

一、配合物的制备

1. $[Cu(NH_3)_4]SO_4 \cdot 2H_2O$ 的制备

称取 $7.0\ g\ CuSO_4 \cdot 5H_2O$,放入 $100\ mL$ 烧杯中,加入 $15\ mL\ H_2O$,加热溶液,冷却至室温,分次加入浓氨溶液,每次数毫升,摇动锥形瓶,使溶液混合均匀,直至产生的沉淀完全溶解为止。加入 $10\ mL\ C_2H_5OH$,产生深蓝色沉淀 $Cu(NH_3)_4SO_4 \cdot H_2O$,不溶于 C_2H_5OH 溶液,减压过滤,用少量 C_2H_5OH 洗涤数次,用滤纸吸干晶体,然后在空气中干燥,称量制备 $[Cu(NH_3)_4]SO_4 \cdot 2H_2O$ 的反应方程式如下:

$$[Cu(H_2O)_4]^{2+} + SO_4^{2-} + 4NH_3 \longrightarrow [Cu(NH_3)_4]SO_4 \cdot H_2O(s) + 3H_2O$$

2. $[Co(NH_3)_6]Cl_3$ 的制备

在 $100\ mL$ 锥形瓶内加入 $3\ g$ 研细的固体 $CoCl_2 \cdot 6H_2O$,$2\ g$ 固体 NH_4Cl 和 $3.5\ mL$ 蒸馏水。加热,待固体溶解后,加入 $0.2\ g$ 活性炭。冷却至室温,加 $7\ mL$ 浓氨溶液,进一步冷至 $10\ ℃$ 以下,缓慢加入 $4.5\ mL$ 质量分数为 10% 的 H_2O_2 溶液。在水浴中加热到 $60\ ℃$ 左右,并维持此温度约 $20\ min$(适当摇动锥形瓶),冷却,减压过滤。将沉淀溶于含有 $1\ mL$ 浓 HCl 的 $25\ mL$ 沸水中,趁热过滤,慢慢加入 $3.5\ mL$ 浓 HCl 于滤液中,以冰水冷却,即有晶体析出,过滤,用少量无水乙醇洗涤抽干。将固体置于真空干燥器中干燥或在 $105\ ℃$ 烘干,称量。制备 $[Co(NH_3)_6]Cl_3$ 的反应方程式如下:

$$2[Co(H_2O)_6]^{2+} + 6Cl^-(aq) + 12NH_3 + H_2O_2 \longrightarrow$$
$$2[Co(NH_3)_6]Cl_3(s) + 12H_2O + 2OH^-$$

3. 配离子相对活性

将少量配合物 $[Co(NH_3)_6]Cl_3$ 和 $[Cu(NH_3)_4]SO_4 \cdot H_2O$ 溶于数毫升蒸馏

水中,注意观察溶液颜色变化以及加入几滴浓 HCl 后的影响。

二、配离子配位数的测定

在 100 mL 烧杯中,加入约 0.6 g 铜氨配合物,用少量蒸馏水溶解,倒入 250 mL 容量瓶中,加入 25 mL 0.5 mol·L^{-1} HCl 溶液,再加入蒸馏水稀释到刻度,混匀即为试样溶液。取试样溶液10 mL放入烧杯中,再加入约 50 mL 0.05 mol·L^{-1} NaOH 标准溶液进行滴定,每次滴定都要充分地搅拌,然后用 pH 计测定溶液的 pH。

三、配合物组成的测定

通过化学分析测定各种组分的质量分数,从而确定分子式。

1. 氨的测定

[Co(NH$_3$)$_6$]Cl$_3$ 在煮沸时可被强碱分解放出氨气,逸出的氨气用过量的 HCl 标准溶液吸收,剩余的酸用 0.5 mol·L^{-1} NaOH 标准溶液回滴,便可测出氨的含量,为此,准确称取 0.2 g 的 [Co(NH$_3$)$_6$]Cl$_3$ 晶体,放入 250 mL 锥形瓶中,加 80 mL 蒸馏水溶解,然后再加入 10 mL 质量分数为 10% 的 NaOH 溶液。在另一锥形瓶中准确加入 30~35 mL 0.5 mol·L^{-1} HCl 标准溶液,锥形瓶浸在冰水浴中,整个装置如图 3-12 所示。

图 3-12 中,安全漏斗下端固定于一小试管中,试管内注入 3~5 mL 质量分数为 10% 的 NaOH 溶液。使漏斗柄插入小试管内液面下约 2~3 cm。整个操作过程中漏斗下端的出口不能露在液面上,小试管口的胶塞要切去一个缺口,使试管与锥形瓶相通。加热样品溶液,开始时大火加热,溶液开始

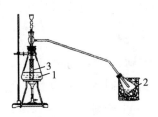

1—反应瓶;2—接收瓶;3—小试管。

图 3-12 氨的测定装置

沸腾时改用小火始终保持微沸状态。逸出的氨气通过导管被 0.5 mol·L^{-1} HCl 标准溶液所吸收,约 60 min 可将氨全部蒸出。取出并拔掉插入 0.5 mol·L^{-1} HCl 标准溶液中的导管,用少量蒸馏水将导管内外可能黏附的溶液洗入锥形瓶内,以酚酞指示液为指示剂,用 0.5 mol·L^{-1} NaOH 标准溶液滴定剩余的盐酸,计算被蒸出的氨气量,从而计算出样品的质量分数。

2. 钴的测定

待上面蒸出氨气后的样品溶液冷却后,取下漏斗(连带胶塞)及小试管,用少量蒸馏水将试管黏附的溶液冲洗回锥形瓶内,加入 1 g 固体 KI,振荡使其溶

解,再加入约 12 mL 6mol·L^{-1} HCl 溶液酸化,于暗处放置约 10 min,此时发生如下反应:

$$2Co^{3+} + 2I^- \Longrightarrow 2Co^{2+} + I_2$$

用 0.1 mol·L^{-1} Na$_2$S$_2$O$_3$ 标准溶液滴定至浅黄,加入 2 mL 新配的质量分数为 0.2% 的淀粉溶液后,再滴到蓝色消失,计算钴的质量分数。

3. 氯的测定

准确称取样品 0.2 g 于锥形瓶中,用少量蒸馏水溶解,加入 1 mL 质量分数为 5% 的 K$_2$CrO$_4$ 溶液,然后以 0.1 mol·L^{-1} AgNO$_3$ 标准溶液滴定至溶液呈现砖红色即为终点,计算氯的质量分数。

四、配离子电荷的测定

配制 100 mL 1.0×10^{-3} mol·L^{-1} [Co(NH$_3$)$_6$]Cl$_3$ 溶液,用电导仪测定溶液的电导率 k。

五、红外光谱测定

用研钵将少许样品研细,滴 2 滴石蜡油,再继续研磨,用不锈钢刮刀刮到 NaCl 盐片上,压上另一块盐片,放在可拆液体池的池架上,然后在光谱仪上进行测定(或 KBr 压片测定红外光谱)。

【实验结果】

一、配合物的制备

配合物制备的实验数据及结果见表 3-10 所列,制备得到的配合物的性质见表 3-11 所列。

表 3-10　配合物制备的实验数据及结果

项　目	A	B
产品质量/g		
理论产量/g		
产率/%		
配合物活性		

表 3 - 11　制备得到的配合物的性质

配离子	固体颜色	水溶液中颜色	加入 HCl 后颜色
$[Cu(NH_3)_4]^{2+}$			
$[Co(NH_3)_6]^{3+}$			

二、配离子配位数的测定

配离子配位数测定的实验数据见表 3 - 12 所列。

表 3 - 12　配离子配位数测定的实验数据

V_{NaOH}	
pH	

以溶液 pH 对 NaOH 的体积作图,并求出配离子的配位数。

三、配合物组成的测定

1. 氨的测定

配合物的质量(g)＿＿＿＿＿＿＿＿＿＿＿＿＿＿＿＿＿＿

HCl 标准溶液的浓度($mol \cdot L^{-1}$)＿＿＿＿＿＿＿＿＿＿

HCl 标准溶液的用量(mL)＿＿＿＿＿＿＿＿＿＿＿＿＿＿

NaOH 标准溶液的浓度($mol \cdot L^{-1}$)＿＿＿＿＿＿＿＿

滴定前 NaOH 标准溶液的读数(mL)＿＿＿＿＿＿＿＿＿

滴定后 NaOH 标准溶液的读数(mL)＿＿＿＿＿＿＿＿＿

NaOH 标准溶液的体积(mL)＿＿＿＿＿＿＿＿＿＿＿＿

氨的质量分数(％)＿＿＿＿＿＿＿＿＿＿＿＿＿＿＿＿

氨的理论质量分数(％)＿＿＿＿＿＿＿＿＿＿＿＿＿＿

2. 钴的测定

配合物的质量(g)＿＿＿＿＿＿＿＿＿＿＿＿＿＿＿＿＿＿

$Na_2S_2O_3$ 标准溶液的浓度($mol \cdot L^{-1}$)＿＿＿＿＿＿＿

滴定前 $Na_2S_2O_3$ 标准溶液的读数(mL)＿＿＿＿＿＿＿

滴定后 $Na_2S_2O_3$ 标准溶液的读数(mL)＿＿＿＿＿＿＿

$Na_2S_2O_3$ 标准溶液的体积(mL) _____

3. 氯的测定

配合物的质量(g) _____

$AgNO_3$ 标准溶液的浓度($mol \cdot L^{-1}$) _____

滴定前 $AgNO_3$ 标准溶液的读数(mL) _____

滴定后 $AgNO_3$ 标准溶液的读数(mL) _____

$AgNO_3$ 标准溶液的体积(mL) _____

氯的质量分数(％) _____

氯的理论质量分数(％) _____

4. 结果分析

由以上氨、钴、氯的测定结果,写出样品的实验式。

四、配离子电荷的测定

测定配离子溶液的电导率,由测得配合物溶液的电导率算出其摩尔电导率 Λ_m,由 Λ_m 的数值来确定其离子数,从而可以确定配离子的电荷。将具体的配离子电荷测定实验数据填于表 3-13 中。

表 3-13 配离子电荷测定实验数据

配离子	电导率	摩尔电导率	离子数	配离子电荷
$[Co(NH_3)_6]^{3+}$				

五、红外光谱测定

检测结果与标准图谱比较。

【思考题】

1. 写出实验中测定氨、钴、氯时各步的反应方程式。

2. 要使 $[Co(NH_3)_6]Cl_3$ 合成产率高,有哪些关键的步骤? 为什么?

3. 如何计算配合物中氨、钴和氯的理论质量分数和实验质量分数?

4. 电解质溶液导电的特点是什么?

5. 测定溶液的电导率时,溶液的浓度范围是否有一定要求? 为什么?

实验十四　三草酸合铁(Ⅲ)酸钾的制备

【实验目的】

(1)了解三草酸合铁(Ⅲ)酸钾的制备方法和性质。

(2)用化学平衡原理指导配合物的制备。

(3)掌握水溶液中制备无机物的一般方法。

(4)练习溶解、沉淀、过滤(常压、减压)、浓缩、蒸发结晶等基本操作。

【仪器、药品和材料】

仪器:烧杯、量筒、漏斗、抽滤瓶、布氏漏斗、蒸发皿、试管、表面皿。

药品:H_2O_2溶液(30%)、$BaCl_2$溶液(0.1 mol·L^{-1})、H_2SO_4溶液(1 mol·L^{-1})、饱和$H_2C_2O_4$溶液、饱和$K_2C_2O_4$溶液、乙醇(95%)、固体摩尔盐[$FeSO_4$·$(NH_4)_2SO_4$·$6H_2O$]、固体铁氰化钾、固体草酸。

材料:滤纸等。

【实验原理】

本制备实验是以铁(Ⅱ)盐为原材料,通过沉淀、氧化还原、配位反应等过程,制得三草酸合铁(Ⅲ)酸钾配合物。主要反应如下:

$$FeSO_4 \cdot (NH_4)_2SO_4 \cdot 6H_2O + H_2C_2O_4 \longrightarrow$$

$$FeC_2O_4 \cdot 2H_2O \downarrow + (NH_4)_2SO_4 + H_2SO_4 + 4H_2O$$

$$2FeC_2O_4 \cdot 2H_2O + H_2O_2 + H_2C_2O_4 + 3K_2C_2O_4 \longrightarrow 2K_3[Fe(C_2O_4)_3] \cdot 3H_2O$$

加入95%乙醇后,便析出三草酸合铁(Ⅲ)酸钾晶体。

三草酸合铁(Ⅲ)酸钾为翠绿色单斜晶体,易溶于水(0 ℃时溶解度为4.7 g/100 g 水;100 ℃时为117.7 g/100 g 水),难溶于乙醇等有机溶剂,极易感光,室温下光照变黄色,进行下列光化学反应:

$$2[Fe(C_2O_4)_3]^{3-} \longrightarrow 2FeC_2O_4 + 3C_2O_4^{2-} + 2CO_2 \uparrow$$

它在日光直射或强光下分解生成的草酸亚铁遇六氰合铁(Ⅲ)酸钾生成滕氏蓝,反应如下:

$$3FeC_2O_4 + 2K_3[Fe(CN)_6] \longrightarrow Fe_3[Fe(CN)_6]_2 \downarrow + 3K_2C_2O_4$$

因此,在实验室中可做成感光纸,进行感光实验。另外,由于它具有光化学活性,能定量进行光化学反应,常用作化学光量计。

三草酸合铁(Ⅲ)配离子是比较稳定的($K_稳 = 1.58×10^{20}$)。

【实验内容】

一、三草酸合铁(Ⅲ)酸钾的制备

1. 草酸亚铁的制备

称 5 g 固体摩尔盐(或 3 g 氯化亚铁或硫酸亚铁)于 250 mL 烧杯中,加入 15 mL 蒸馏水和几滴 1 mol·L^{-1} H$_2$SO$_4$ 溶液,加热溶解后,加入 25 mL 饱和 H$_2$C$_2$O$_4$ 溶液,加热至沸腾,搅拌片刻,停止加热,静置。待黄色晶体 FeC$_2$O$_4$·2H$_2$O 沉降后用倾析法弃去上层清液,加入 20~30 mL 蒸馏水,在 30~35 ℃下搅拌,静置,弃去上层清液。

2. 三草酸合铁(Ⅲ)酸钾的制备

在 FeC$_2$O$_4$·2H$_2$O 晶体中,加入 10 mL 饱和 K$_2$C$_2$O$_4$ 溶液,在水浴中加热至 40 ℃,用滴管慢慢加入 20 mL 质量分数为 3% 的 H$_2$O$_2$ 溶液,在 40 ℃恒温搅拌。再将溶液加热至沸腾,分两次加入 8 mL 饱和 H$_2$C$_2$O$_4$ 溶液,趁热过滤[①]。滤液中加入10 mL质量分数为 95% 的乙醇溶液,稍加热溶液使析出的晶体再溶解,将溶液在避光下过夜。先用少量水洗涤晶体,再用少量质量分数为 95% 的乙醇溶液洗,用滤纸吸干,计算产率。

二、三草酸合铁(Ⅲ)酸钾的性质

(1)将少许产品放在表面皿上,在日光下观察晶体颜色变化,并与放在暗处的晶体比较。

(2)制感光纸:按三草酸合铁(Ⅲ)酸钾 0.3 g、铁氰化钾 0.4 g、水 5 mL 的比例配成溶液,涂在纸上即成感光纸(黄色)[②]。在感光纸上画图案,在日光下直照数秒,曝光部分呈深蓝色,被遮盖的没有曝光部分即显影出图案来。

(3)配感光液:取 0.3~0.5 g 三草酸合铁(Ⅲ)酸钾,加水 5 mL 配成溶液,用滤纸条做成感光纸。同上操作,曝光后去掉图案,用质量分数约为 3.5% 的铁氰化钾溶液湿润或漂洗即显影出图案来。

---

① 若浓缩的绿色溶液带褐色,是由于含有氢氧化铁沉淀,应趁热过滤除去。

② 三草酸合铁(Ⅲ)酸钾见光变黄色是因为生成草酸亚铁与碱式草酸铁的混合物。

【思考题】

1. 在制备草酸亚铁时,为什么要在摩尔盐中加入几滴 1 mol·L^{-1} H$_2$SO$_4$ 溶液? 加入过量可能会出现什么情况?

2. 此制备需避光、干燥,所得成品也要放在暗处。如何证明你所制得的产品不是单盐而是配合物?

3. 写出各步的实验现象和反应方程式,并根据摩尔盐的量计算产量和产率。

4. 现有硫酸铁、氯化钡、草酸钠、草酸钾四种物质,以此为原料,如何制备三草酸合铁(Ⅲ)酸钾? 试设计方案并写出各步的反应方程式。

实验十五 Fe 基 Al_2O_3 弥散型复合微粉的制备

【实验目的】

(1)了解金属基复合微粉的制备方法。

(2)了解纳米粒子形成的条件及控制方法。

(3)了解现代测试分析及表征手段。

【仪器、药品和材料】

仪器:量筒、台秤、烧杯、搅拌器、布氏漏斗、振动筛、粒度测定仪、真空泵、烘箱、马弗炉、坩埚、显微镜、X 射线衍射仪。

药品:固体 $Fe(NO_3)_3 \cdot 9H_2O$、固体 $Al(NO_3) \cdot 9H_2O$、聚乙二醇 400(PEG400)、去离子水、氨水溶液。

【实验原理】

目前,液相化学反应合成高纯纳米粒子的方法主要有溶胶凝胶法和沉淀法,沉淀法又包括直接沉淀法、共沉淀法和均匀沉淀法,其中共沉淀法是制备含有多种金属元素复合氧化物微粉的重要方法。本实验利用共沉淀法先制备出 $Fe_2O_3 - Al_2O_3$ 复合微粉,然后高温下经 H_2 还原,制备出 Fe 基 Al_2O_3 弥散型复合微粉,主要反应如下:

$$2Fe(OH)_3 \xrightarrow{500\ ℃} Fe_2O_3 + 3H_2O$$

$$Al(OH)_3 \xrightarrow{200\ ℃} Al_2O_3 \cdot 2.5H_2O \xrightarrow{400\ ℃} Al_2O_3 \cdot 0.5H_2O \xrightarrow{800\ ℃} Al_2O_3$$

$$Fe_2O_3 + 3H_2 \xrightarrow{800\ ℃} 2Fe + 3H_2O$$

【实验内容】

一、复合氢氧化物的制备

取 8.1 g $Fe(NO_3)_3 \cdot 9H_2O$、1.9 g $Al(NO_3)_3 \cdot 9H_2O$ 溶解于 100 mL 去离子水中,配制成原盐混合溶液。加入表面活性剂 PEG400,快速搅拌且同时滴加质量分数为 10% 的氨水溶液,生成沉淀,转移至布氏漏斗减压抽滤,并用去离子水洗涤 2~3 次,然后将复合氢氧化物放入烘箱内,100 ℃热处理 4 h,即可得到干燥的复合氢氧化物粉末。

二、复合氧化物的制备

将复合氢氧化物粉末放入坩埚内,在马弗炉内进行煅烧,200 ℃煅烧 2 h,500 ℃煅烧 2 h,800 ℃煅烧 1 h,然后自然冷却到室温,得到复合氧化物粉末,用振动筛进行分级。

三、Fe 基 Al_2O_3 弥散型复合微粉的制备

将复合氧化物粉末放入还原炉中,用 H_2 还原,温度控制在 800 ℃,还原时间为 2 h,自然冷却到室温,即可得到 Fe 基 Al_2O_3 弥散型复合微粉;测定复合微粉的粒径,用 X 射线衍射仪表征结构,用显微镜观测其表面形貌。

四、实验条件的优化

1. 反应温度

温度对晶粒的生成和长大都有影响。按照上述实验步骤,分别在 20 ℃、40 ℃、60 ℃、80 ℃条件下进行反应,测定复合微粉平均粒径,做出平均粒径对反应温度的变化曲线,确定反应的最佳温度。

2. 表面活性剂的浓度

在沉淀反应的过程中引入表面活性剂 PEG400,溶液的黏度增大,产生位阻效应,可有效改善粒子的均匀性和分散性。同时,胶粒表面吸附 PEG400 后,将粒子间非架桥羟基和吸附水"遮蔽"起来,降低粒子表面张力,有效地抑制粒子的团聚。按照上述实验步骤,分别在 PEG400 的浓度为 0.02 mol·L^{-1}、0.04 mol·L^{-1}、0.06 mol·L^{-1}、0.08 mol·L^{-1}、0.10 mol·L^{-1}、0.12 mol·L^{-1}条件下进行反应,测定复合微粉平均粒径,做出平均粒径对 PEG400 浓度的变化曲线,确定 PEG400 最佳浓度。

【思考题】

1. 目前,纳米粒子制备的方法有哪些? 各有什么优缺点?

2. 反应温度如何对粒子粒径产生影响?

3. 在实验过程中,加入表面活性剂的目的是什么?

4. 设计制备 Cu 基 Al_2O_3 弥散型复合微粉的实验方案。

实验十六　磷酸盐型无机黏合剂的制备

【实验目的】

(1)了解无机黏合剂的种类。

(2)通过实验,掌握按添加剂的不同比例制备无机黏合剂的方法,了解黏合剂的一般性质和使用要求。

【仪器、药品和材料】

仪器:烧杯、比重计、量筒、电炉、布氏漏斗、研钵、200～250目筛子、温度计、马弗炉、干燥器。

药品:固体 $CuSO_4 \cdot 5H_2O$(工业级)、固体 $Al(OH)_3$(工业级)、固体 $NaOH$(工业级)、HCl 溶液(2.5%)、H_3PO_4。

材料:冰块、竹筷、黏合件、试剂纸、蒸馏水。

【实验内容】

目前我国广泛采用的无机黏合剂是磷酸盐(常用的还有硅酸盐型和硼酸盐型两大类),它的主要成分是 H_3PO_4、$Al_2(PO_4)_3$、$Cu_3(PO_4)_2$ 等无机物,其特点是黏结力强,剪切力可达 $900\ kg/cm^2$,抗水性、抗老化性能好,因而广泛地用于机械行业的黏合。

一、制备 CuO

(1)称 32 g 固体 $CuSO_4 \cdot 5H_2O$ 加到 96 g 蒸馏水中加热溶解,待溶解后测得溶液波美度(15～17 °Bé)合格后放置澄清,过滤留清液得 $CuSO_4$ 溶液。

(2)称 20 g 固体 $NaOH$ 加水溶解配成波美度为 14～16 °Bé的溶液。放置澄清,倾出清液得 $NaOH$ 溶液,待用。

(3)将 $CuSO_4$ 溶液倒入 500 mL 烧杯中加热至 70～80 ℃,在不断搅拌下加入 $NaOH$ 溶液得反应溶液。将反应溶液 pH 调至 9～10,煮沸 20 min(注意应维持反应溶液 pH 为 9～10),使 CuO 沉淀于烧杯底部。此时反应溶液中发生如下反应:

$$CuSO_4 + 2NaOH \longrightarrow Cu(OH)_2 + Na_2SO_4$$

$$Cu(OH)_2 \longrightarrow CuO\downarrow + H_2O$$

(4)倾出反应溶液,将 CuO 用沸水洗涤 5～6 次,除去 Na_2SO_4。再用质量分数为 2.5% 的 HCl 溶液洗涤一次，除去 Ca 等杂质。最后用清水洗涤 10 次直至溶液中无 SO_4^{2-}、Cl^- 为止。过滤，将 CuO 于 150 ℃ 烘干，用研钵研碎，放于马弗炉中，在 890 ℃ 下焙烧 4 h（焙烧时，应不时翻动 CuO，使焙烧均匀）。

（5）取出 CuO，成品呈灰黑色，冷却研磨，用 200 目筛子过筛后烘干，装瓶待用。

二、制备磷酸溶液

将 100 mL 密度为 1.7 $g \cdot cm^{-3}$ 的 H_3PO_4 溶液倒入 500 mL 烧杯中，加入 5 g 固体 $Al(OH)_3$ 加热溶解，待固体 $Al(OH)_3$ 完全溶解后将溶解溶液温度加热至 240~260 ℃。冷却（此时溶液的密度为 1.85~1.9 $g \cdot cm^{-3}$），装瓶密封放于干燥器内。

三、黏合

1. 准备黏合剂和黏合件

（1）黏合剂：CuO 粉，H_3PO_4 溶液［加 $Al(OH)_3$］（冬天时密度为 1.7 $g \cdot cm^{-3}$，夏天时密度为 1.9 $g \cdot cm^{-3}$）。

（2）黏合件：表面光洁度低于 3（达不到此粗糙度时须人工加工），清洗构件（清洗、除锈、除油）。

2. 调胶

将 CuO 粉（3~4 g）倒于光滑平板上（夏天用铜片，必要时，铜片下面放冰块以防温度过高，凝聚太快；冬天用玻璃板）。滴入 H_3PO_4 溶液（10 mL），用竹筷调匀，1~2 min 后就可进行黏合。

3. 黏合

将调好的黏合剂均匀涂在构件表面上，然后迅速挤压，进行黏合。套结件可互相缓慢旋入。

4. 干燥硬化

25 ℃ 时黏合件放置 4~6 h 就可使用。若将黏合件预先加热至 90 ℃ 左右进行黏合，仅需几分钟就可使用。

【思考题】

1. 黏合剂有哪些类型？

2. 无机黏合剂中的磷酸盐如何制备？

3. 要使黏合效果好需注意掌握什么条件？

4. 无机黏合剂在你所学的专业中有哪些应用？请举出实例。

实验十七　常见阳离子的分离和鉴定

【实验目的】

(1)系统学习常见阳离子的分离和鉴定的方法。

(2)通过常见阳离子的分离和鉴定,巩固和灵活运用学过的金属元素及其化合物的有关知识。

【实验原理】

阳离子的种类较多,常见的有 20 多种。个别检出时,容易发生相互干扰,所以一般阳离子分析都是利用阳离子的某些共同性质,先分成几组,然后再根据阳离子的个别特性加以检出。凡能使一组阳离子在适当的反应条件生成沉淀而与其他组阳离子分离的试剂称为组试剂。利用不同的组试剂把离子逐组分离再进行检出的方法叫作阳离子的系统分析。以往阳离子的分析大都采用经典的硫化氢系统分析法,其原理是根据阳离子的硫化物的溶解度,以及它们的氯化物、碳酸盐等溶解度的不同,用不同的组试剂把阳离子分成五组,然后再分别加以检出。

阳离子硫化氢系统分组分离步骤如下:

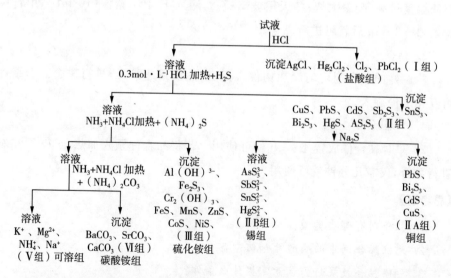

硫化氢系统分析法具有系统性强、分离方法比较严密、溶度积等基本理论能较好地配合等优点,因此使学生学到的无机化学理论知识以及有关元素和化

合物性质的知识能够得到反复巩固。但此法对元素化合物的两性及配合性等方面的配合似乎不足,同时此法存在操作步骤繁杂、分析花费时间较多、硫化物污染空气等缺点。因此,本实验将常见的20多种阳离子分为以下六组。

第一组:易溶组　　　　K^+、Na^+、NH_4^+、Mg^{2+}

第二组:氯化物组　　　Ag^+、Hg^{2+}、Pb^{2+}

第三组:硫酸盐组　　　Ba^{2+}、Ca^{2+}、Pb^{2+}

第四组:氨合物组　　　Cu^{2+}、Cd^{2+}、Zn^{2+}、Co^{2+}、Ni^{2+}

第五组:两性组　　　　Al^{3+}、Cr^{3+}、Sb^{3+}、Sn^{2+}、Sn^{4+}

第六组:氢氧化物组　　Fe^{3+}、Fe^{2+}、Bi^{3+}、Mn^{2+}、Hg^{2+}

然后再根据各组离子的特性,加以分离和鉴定,其分离方案如下。

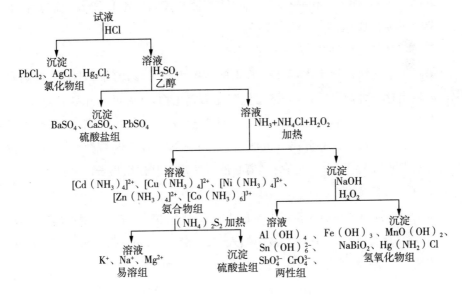

【实验内容】

一、第一组阳离子的分离与鉴定

1.NH_4^+的鉴定

取分析试液1滴,滴入点滴板中,加入2滴奈斯勒试剂溶液(碱性碘化钾汞溶液),若生成红棕色沉淀,则显示有NH_4^+存在。

2.K^+的鉴定

取试液3~4滴,加入4~5滴$Na_3[Co(NO_2)_6]$溶液,用玻璃棒搅拌并摩擦试管内壁,片刻后如有黄色沉淀生成,则显示有K^+存在,其反应方程式如下:

$$2K^+ + Na^+ + [Co(NO_3)_6]^{3-} \longrightarrow K_2Na[Co(NO_2)_6](s)$$

由于 NH_4^+ 与 $Na_3[Co(NO_2)_6]$ 溶液作用也能生成黄色沉淀,干扰 K^+ 的鉴定,应预先用灼烧法除去。

3. Na^+ 的鉴定

取试液 $3\sim4$ 滴,加 1 滴 $6\ mol \cdot L^{-1}$ HAc 及 $7\sim8$ 滴醋酸铀酰锌溶液,用玻璃棒在试管内摩擦,如有黄色晶体沉淀,表示有 Na^+ 存在,其反应方程式如下:

$$Na^+ + Zn^{2+} + 3UO_2^{2+} + 9Ac^- + 9H_2O \longrightarrow$$

$$NaAc \cdot Zn(Ac)_2 \cdot 3UO_2(Ac)_2 \cdot 9H_2O_2(s)$$

4. Mg^{2+} 的鉴定

取试液 1 滴,加入 $6\ mol \cdot L^{-1}$ NaOH 溶液和镁试剂各 $1\sim2$ 滴,搅匀后,如有天蓝色沉淀生成,表示有 Mg^{2+} 存在。

二、第二组阳离子的分离与鉴定

第二组氯化物难溶于水,其中 $PbCl_2$ 的溶解度较大,易溶于 NH_4Ac 和热水中。需检出这三种离子时,可先把它们沉淀为氯化物,然后再进行鉴定反应。

取分析试液 20 滴,加入 $2mol \cdot L^{-1}$ HCl 溶液至沉淀完全(若无沉淀,表示本组阳离子不存在),离心分离。沉淀用 $1\ mol \cdot L^{-1}$ HCl 溶液数滴洗涤后,按下法鉴定 Pb^{2+}、Ag^+、Hg^{2+} 的存在(离心液保留用于其他组离子的分离鉴定)。

1. Pb^{2+} 的鉴定

将上面得到的沉淀加入 5 滴 $3\ mol \cdot L^{-1}$ NH_4Ac 溶液,在水浴中加热搅拌,趁热离心分离(保留沉淀)。在离心液中加入 $2\sim3$ 滴 $0.1\ mol \cdot L^{-1}$ $K_2Cr_2O_7$ 溶液,若生成黄色沉淀,表示有 Pb^{2+} 存在,其反应方程式如下:

$$PbCl_2 + Ac^- \longrightarrow PbAc^+ + 2Cl^-$$

$$2PbAc^+ + Cr_2O_7^{2-} + H_2O \longrightarrow 2PbCrO_4(s) + 2HAc$$

2. Ag^+ 和 Hg^{2+} 的分离和鉴定

取上面保留的沉淀,滴加 $5\sim6$ 滴 $6\ mol \cdot L^{-1}$ 氨水溶液,不断搅拌,若沉淀变为灰黑色,表示有 Hg^{2+} 存在,其反应方程式如下:

$$Hg_2Cl_2 + 2NH_3 \longrightarrow Hg(NH_2)Cl(s) + Hg(s) + NH_4^+ + Cl^-$$

离心分离,在离心液中滴加 $6\ mol \cdot L^{-1}$ HNO_3 溶液酸化,如有白色沉淀产生,表示有 Ag^+ 存在,其反应方程式如下:

$$AgCl + 2NH_3 \longrightarrow [Ag(NH_3)_2]^+ + Cl^-$$

$$[Ag(NH_3)_2]^+ + Cl^- + 2H^+ \longrightarrow 2NH_4^+ + AgCl(s)$$

第二组阳离子分离步骤如下：

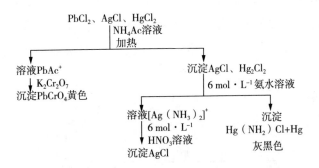

三、第三组阳离子的分离与鉴定

第三组阳离子硫酸盐都不溶于水，但在水中的溶解度差异较大，在溶液中生成沉淀的快慢也不同，Ba^{2+} 析出 $BaSO_4$ 沉淀较快，Pb^{2+} 比较缓慢地生成 $PbSO_4$ 沉淀，$CaSO_4$ 的溶解度稍大，Ca^{2+} 只有在浓的 Na_2SO_4 中生成 $CaSO_4$ 沉淀，但加入乙醇后溶解度能显著地降低。

用饱和 Na_2CO_3 溶液加热处理这些硫酸盐时，可发生下列转化：

$$MSO_4 + CO_3^{2-} \longrightarrow MCO_3 + SO_4^{2-}$$

即使 $BaSO_4$ 的溶解度小于 $BaCO_3$，但用饱和 Na_2CO_3，反复加热处理，大部分 $BaSO_4$ 亦可转化为 $BaCO_3$。这三种碳酸盐都能溶于 HAc 溶液中。

硫酸盐组阳离子与可溶性草酸盐 $(NH_4)_2C_2O_4$ 作用生成白色沉淀，在 EDTA 存在时$(pH = 4.5 \sim 5.5)$，Ca^{2+} 仍可与 $C_2O_4^{2-}$ 生成 CaC_2O_4 沉淀，而 Pb^{2+} 因与 EDTA 生成稳定的配合物而不能产生沉淀，利用这个性质可以使 Pb^{2+} 和 Ca^{2+} 分离。

取 Ca^{2+}、Ba^{2+}、Pb^{2+} 混合液 20 滴（或上面第二组保留的溶液）在水浴中加热，逐滴加入 $1\ mol \cdot L^{-1}$ H_2SO_4 溶液至沉淀完全后（若无沉淀，表示本组离子不存在），再过量数滴，加入质量分数为 95% 的乙醇溶液 $4 \sim 5$ 滴，静置 $3 \sim 5\ min$，冷却后离心分离（离心液保留用于第四组阳离子的分析）。沉淀用混合溶液（10 滴 $1\ mol \cdot L^{-1}$ H_2SO_4 溶液加入乙醇 $3 \sim 4$ 滴）洗涤 $1 \sim 2$ 次后，弃去洗涤水，在沉淀中加入 $7 \sim 8$ 滴 $3\ mol \cdot L^{-1}$ NH_4Ac 溶液，加热搅拌，离心分离，离心液按第二组鉴定 Pb^{2+} 的方法鉴定 Pb^{2+} 的存在。

沉淀中加入 10 滴饱和 Na_2CO_3 溶液,置沸水浴中加热搅拌 $1\sim2$ min,离心分离弃去离心液,沉淀再用饱和 Na_2CO_3 溶液同样处理两次后,用约 10 滴蒸馏水洗涤一次弃去洗涤水,用 6 mol·L^{-1} HAc 溶液数滴溶解沉淀后,加 2 mol·L^{-1} 氨水溶液,调节 pH 为 $4\sim5$,加入 $2\sim3$ 滴 0.1 mol·L^{-1} $K_2Cr_2O_7$ 溶液,加热搅拌,若有黄色沉淀生成表示有 Ba^{2+} 存在。

离心分离,在离心液中,加入饱和 $(NH_4)_2C_2O_4$ 溶液 $2\sim3$ 滴,温热后,若有白色沉淀慢慢生成,表示有 Ca^{2+} 存在。

第三组阳离子分离步骤如下:

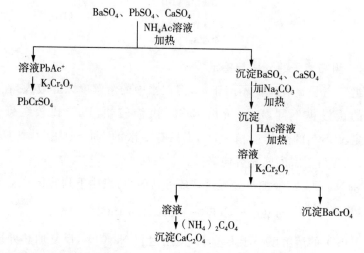

四、第四组阳离子的分离

本组与过量的氨水溶液都能生成相应的氨配合物,Fe^{3+}、Al^{3+}、Mn^{2+}、Cr^{3+}、Ni^{2+}、Sb^{3+}、Sn^{2+}、Hg^{2+} 等离子在过量氨水溶液中因生成氢氧化物沉淀而与本组阳离子分离,Hg^{2+} 在大量 NH_4^+ 存在时,将和氨水形成汞氨配离子($[Hg(NH_3)_4]^{2+}$)而进入氨合物组,由于 $Al(OH)_3$ 是典型的两性氢氧化物,能部分溶解在过量氨水溶液中,因此加入铵盐(如 NH_4Cl)使 OH^- 的浓度降低,可防止 $Al(OH)_3$ 的溶解。但由于降低了 OH^- 的浓度,Mn^{2+} 也不能形成氢氧化物沉淀,如果向溶液中加入 H_2O_2,则 Mn^{2+} 可被氧化而生成溶解度小的棕色沉淀 $MnO(OH)_2$。因此,本组阳离子的分离条件为在适量 NH_4Cl 存在时,加入过量氨水溶液和适量 H_2O_2 溶液。这时本组阳离子因形成氨合物与其他阳离子分离。

取本组氨合物混合物 20 滴(或上面分离第三组后保留的离心液)加入 2 滴

饱和 NH_4Cl 溶液,3～4 滴质量分数为 3％的 H_2O_2 溶液,用浓氨水碱化后,在水浴中加热,再滴加浓氨溶液。每加 1 滴即搅拌,注意有无沉淀生成,如有沉淀再加入浓氨溶液过量 4～5 滴,搅拌后注意沉淀是否溶解。(如果沉淀溶解或氨水碱化时不生成沉淀,则表示 Bi^{3+}、Sb^{3+}、Sb^{5+}、Sn^{2+}、Cr^{3+}、Fe^{3+}、Al^{3+} 等不存在,为什么?)继续在水浴中加热 1 min,取出冷却后,离心分离。沉淀保留用于第五组离子的分析。离心液按下法鉴定 Cu^{2+}、Cd^{2+}、Co^{2+}、Ni^{2+}、Zn^{2+} 等。

1. Cu^{2+} 的鉴定

取 2～3 滴离心液,用 6 $mol \cdot L^{-1}$ HAc 溶液酸化后加入 1～2 滴 0.1 $mol \cdot L^{-1}$ $K_4[Fe(CN)_6]$ 溶液,若有红棕色沉淀生成,则表示有 Cu^{2+} 存在。

2. Co^{2+} 的鉴定

取离心液 2～3 滴,用 2 $mol \cdot L^{-1}$ HCl 溶液酸化,加入 2～3 滴新配制的 0.1 $mol \cdot L^{-1}$ $SnCl_2$ 溶液和 2～3 滴 NH_4SCN 溶液,以及 5～6 滴戊醇,搅拌后若有机层显蓝色,则表示有 Co^{2+} 存在。

3. Ni^{2+} 的鉴定

取 2 滴离心液加入 1 滴丁二酮二肟溶液和 5 滴戊醇搅拌后,若出现红棕色,表示有 Ni^{2+} 存在。

4. Zn^{2+}、Cd^{2+} 的分离鉴定

取离心液 15 滴,在沸水浴中加热近沸腾,加入 5～6 滴 $(NH_4)_2S$ 溶液,搅拌,加热 3～4 min,离心分离。(沉淀是哪些硫化物?为什么要长时间加热?离心液可保留用来鉴定第一组阳离子 K^+、Na^+、Mg^{2+} 的存在)

沉淀用蒸馏水洗涤 2 次,离心分离,弃去洗涤液,在沉淀中加入 4～5 滴 1 $mol \cdot L^{-1}$ HCl 溶液,充分搅拌片刻,离心分离,将离心液在沸水中加热,除尽 H_2S,用 6 $mol \cdot L^{-1}$ NaOH 溶液碱化并过量 2～3 滴。(离心液是什么?沉淀是什么?)

取离心液 5 滴,加入 10 滴二苯硫腙溶液,搅拌,并在水浴中加热,若水溶液呈粉红色,表示有 Zn^{2+} 存在。

沉淀用蒸馏水数滴洗涤 2 次后,离心分离,弃去洗液,沉淀用 3～4 滴 1 $mol \cdot L^{-1}$ HCl 溶液搅拌溶解,然后加入等体积的饱和 H_2S 溶液,如果有黄色沉淀生成,则表示有 Cd^{2+} 存在。

第四组阳离子的分离步骤如下:

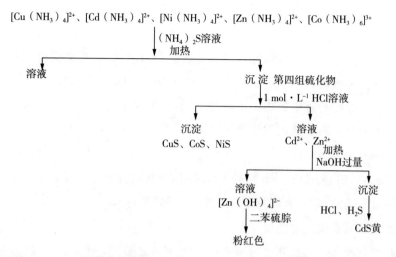

五、第五、六组阳离子的分离与鉴定

第五、六组阳离子主要存在于分离第四组后的沉淀中,利用 Al、Cr、Sb、Sn 的氢氧化物的性质,用过量碱将这两组的元素分为两组。

1. 第五、六组阳离子的分离

取第五、六组混合离子试液 20 滴在水浴中加热,加入 2 滴饱和 NH_4Cl 溶液和 3～4 滴质量分数为 3％的 H_2O_2 溶液,逐滴加入浓氨溶液至沉淀完全,离心分离弃去离心液。

在所得的沉淀(或分离第四组阳离子后保留的沉淀)中加入 3～4 滴质量分数为 3％的 H_2O_2 溶液和 15 滴 6 mol·L^{-1} NaOH 溶液,搅拌后,在沸水浴中加热搅拌 3～5 min,使 CrO_2^- 氧化为 CrO_4^{2-} 并破坏过量的 H_2O_2。离心分离,离心液作为鉴定第五组阳离子用,沉淀作为鉴定第六组阳离子用。

2. 第五组阳离子的鉴定

(1) Cr^{3+} 的鉴定

取离心液 2 滴加入 5 滴乙醚,逐滴加入浓 HNO_3 溶液酸化,加 2～3 滴质量分数 3％的 H_2O_2 溶液摇动试管,如乙醚层出现蓝色,则表示有 Cr^{3+} 存在。

(2) Al^{3+}、Sb^{3+}、Sn^{2+} 的鉴定

将剩余离心液用 3 mol·L^{-1} H_2SO_4 溶液酸化,然后用 6 mol·L^{-1} 氨水溶液碱化并多加几滴,离心分离,弃去离心液,用数滴 0.1 mol·L^{-1} NH_4Cl 溶液洗涤沉淀,分别加入 2 滴 2 mol·L^{-1} NH_4Cl 溶液和浓氨溶液以及 7～8 滴 0.1 mol·L^{-1} $(NH_4)_2S$ 溶液,在水浴中加热至沉淀凝聚,离心分离。(沉淀是

什么？离心液上层是什么？)

沉淀用数滴 $0.1\ mol \cdot L^{-1}\ NH_4Cl$ 溶液洗涤 $1\sim2$ 次后，加入 $2\sim3$ 滴 $1\ mol \cdot L^{-1}\ H_2SO_4$ 溶液，加热使沉淀溶解，然后加入 3 滴 $3\ mol \cdot L^{-1}\ NaAc$ 溶液和 2 滴铝试剂溶液，搅拌，在沸水浴中加热 $1\sim2min$，如果有红色絮状沉淀出现，则表示有 Al^{3+} 存在。

离心液用 $2\ mol \cdot L^{-1}\ HCl$ 溶液逐滴中和至呈酸性后，离心分离，弃去离心液。在沉淀中(沉淀是什么？)加入 5 滴浓 HCl 溶液，在沸水浴中加热搅拌，除尽 H_2S 后，离心分离弃去不溶物(可能为硫)，离心液供鉴定 Sb^{3+} 和 Sn^{2+} 用。

Sn^{2+} 的鉴定：取上述离心液 10 滴，加入少许 Al 片或 Mg 粉，在水浴中加热使之溶解完全后，加入浓 HCl 1 滴，再加入 $0.1\ mol \cdot L^{-1}\ HgCl_2$ 溶液数滴，搅拌，若有白色或灰黑色沉淀析出，则表示有 Sn^{2+} 存在。

Sb^{3+} 的鉴定：取上述离心液 1 滴，在光亮的锡箔上放置 $2\sim3min$，如果锡片上出现黑色斑点，则表示有 Sb^{3+} 存在。

3. 第六组阳离子的鉴定

在第五、六组阳离子分离后所得的沉淀中，加入 10 滴 $3\ mol \cdot L^{-1}\ H_2SO_4$ 溶液和 $2\sim3$ 滴质量分数为 3% 的 H_2O_2 溶液，在充分搅拌下加热 $3\sim5\ min$ 以溶解沉淀和破坏过量 H_2O_2，离心分离弃去不溶物，剩下离心液供鉴定 Mn^{2+}、Bi^{3+} 和 Hg^{2+} 用。

(1)Mn^{2+} 的鉴定

取离心液 2 滴，滴入 $2\sim3$ 滴 $6\ mol \cdot L^{-1}\ HNO_3$ 溶液，加入 $0.1\ mol \cdot L^{-1}$ Na_2SnO_2 少量固体 $NaBiO_3$，搅拌，离心沉降，如果溶液呈紫红色，则表示有 Mn^{2+} 存在。

(2)Bi^{3+} 的鉴定

取离心液 2 滴，加入 $0.1\ mol \cdot L^{-1}\ Na_2SnO_2$ 溶液(自己配制)数滴，如果产生黑色沉淀，则表示有 Bi^{3+} 存在。

(3)Hg^{2+} 的鉴定

取离心液 2 滴，加入新配制的 2 滴 $0.1\ mol \cdot L^{-1}\ SnCl_2$，如果有白色或灰黑色沉淀析出，则表示有 Hg^{2+} 存在。

(4)Fe^{3+} 的鉴定

取离心液 1 滴，加 1 滴 $0.1\ mol \cdot L^{-1}\ KSCN$ 溶液，如果溶液呈血红色，则表示有 Fe^{3+} 存在。

第五组和第六组阳离子的分离步骤如下：

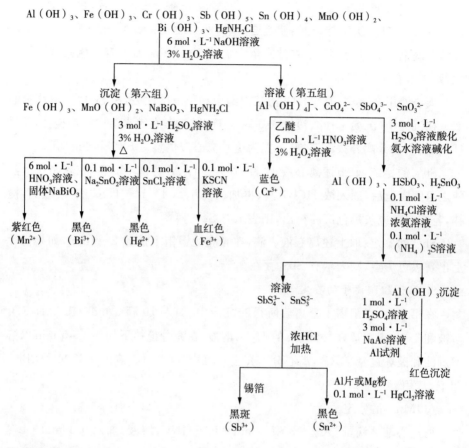

【实验要求】

(1)向指导教师领取第二、四、五、六组各组的混合溶液,分别对各组离子分离和鉴定。

(2)向指导教师领取第二、四、五、六组混合离子的未知溶液,分离和鉴定有哪些离子存在。

【思考题】

1. 用图表形式表示 NH_4^+、K^+ 混合离子的分离过程和鉴定方法。

2. 用图表形式表示 Ba^{2+}、Ca^{2+}、Pb^{2+} 混合离子的分离过程和鉴定方法。

实验十八 常见阴离子的分离和鉴定

【实验目的】

(1)在已经做过的非金属元素及其化合物的性质实验基础上,学习常见阴离子的定性分析方法。

(2)巩固已经学到的非金属元素及其化合物的有关知识。

(3)分离和鉴定常见的阴离子:SO_4^{2-}、SO_3^{2-}、$S_2O_3^{2-}$、S^{2-}、PO_4^{3-}、Cl^-、Br^-、I^-、NO_3^-、NO_2^-、CO_3^{2-}。

【实验原理】

常见的阴离子实际上并不多。有的阴离子具有氧化性,有的具有还原性,它们互不相溶,所以很少有多种离子共存。在大多数情况下,阴离子彼此不妨碍鉴定,因此通常采用个别鉴定的方法。为了节省不必要的鉴定步骤,一般先通过初步试验的方法判断溶液中不可能存在的阴离子,然后对可能存在的阴离子进行个别检出。只有在鉴定某些离子发生相互干扰的情况下,才适当地采取一些分离反应。例如,Cl^-、Br^-、I^-离子共存时的分离反应和S^{2-}、SO_3^{2-}、$S_2O_3^{2-}$共存时的分离反应。

【实验内容】

一、初步实验

1. 测定溶液的 pH

用 pH 试纸试验分析试液的酸碱性,如果 pH 大于 2,则不稳定的 CO_3^{2-}、$S_2O_3^{2-}$ 不可能存在,如果此时无臭味,则 S^{2-}、SO_3^{2-}、NO_3^- 也不存在,为什么?

2. 稀 H_2SO_4 实验

试液如果呈中性或碱性,可进行下面的实验:取试液 10 滴,置于离心试管中,用 3 mol·L^{-1} H_2SO_4 溶液酸化,用手指轻敲试管下部,如果没有气泡生成,可将试管放在水浴中加热。这时如果仍没有气体产生,则表示 S^{2-}、SO_3^{2-}、$S_2O_3^{2-}$、NO_2^- 等不存在,同时注意气体的颜色和嗅气味,试说明其原因。

3. 还原性阴离子的实验

(1)在离心试管中加入分析试液 3～4 滴,用 1 mol·L^{-1} H_2SO_4溶液酸化,逐滴加入 0.01 mol·L^{-1} $KMnO_4$溶液。如果溶液紫色褪去,则可能存在哪些阴离子? 为什么? 写出反应方程式。

(2)另取分析试液 3~4 滴,用 1~2 滴 2 mol·L^{-1} NaOH 溶液碱化,逐滴加入 0.01 mol·L^{-1} $KMnO_4$ 溶液。如果紫色褪去,则可能存在哪些离子? 为什么? 写出反应方程式。

(3)再取分析试液 3~4 滴,用 1 mol·L^{-1} H_2SO_4 溶液酸化,逐滴加入淀粉-KI 溶液。如果蓝色褪去,则可能存在哪些阴离子? 为什么? 写出反应方程式。

4. 氧化性阴离子的实验

取分析试液 3~4 滴于离心试管中,用 1 mol·L^{-1} H_2SO_4 溶液酸化,加入 4~5 滴 CCl_4,再加入 1~2 滴 0.1 mol·L^{-1} KI 溶液。如果 CCl_4 层呈紫色,则可能存在哪些阴离子? 为什么? 写出反应方程式。

5. $BaCl_2$ 实验

取 3~4 滴分析试液于离心试管中,加入 1 滴 1 mol·L^{-1} $BaCl_2$ 溶液,观察是否有沉淀生成。如果有沉淀生成,则表示 CO_3^{2-}、SO_4^{2-}、SO_3^{2-}、$S_2O_3^{2-}$、PO_4^{3-} 等阴离子可能存在。为什么? 离心分离,在沉淀中加入数滴 6 mol·L^{-1} HCl 溶液,沉淀不完全溶解,则表示有 SO_4^{2-} 存在。为什么? 试说明其原因。

6. $AgNO_3$ 实验

取 3~4 滴分析溶液置于离心试管中,加入 3~4 滴 0.1 mol·L^{-1} $AgNO_3$ 溶液,若立即生成黑色沉淀,则表示有 $S_2O_3^{2-}$ 存在。为什么? 离心分离,在沉淀上加入 3~4 滴 6 mol·L^{-1} HNO_3 溶液,必要时加热搅拌。如果沉淀不溶或部分溶解,则表示有 Cl^-、Br^-、I^- 存在,为什么?

根据上面的初步实验结果,判断有哪些阴离子可能存在,填于表 3-14 中。

表 3-14 阴离子分析初步实验结果

| 阴离子 | 测定溶液 pH | 稀 H_2SO_4 实验 | 还原性阴离子实验 | | | 氧化性阴离子实验 | $BaCl_2$ 实验 | $AgNO_3$ 实验 | 综合判断 |
			$KMnO_4$ (酸性)	$KMnO_4$ (碱性)	淀粉-KI				
SO_4^{2-}									
SO_3^{2-}									
$S_2O_3^{2-}$									
S^{2-}									

（续表）

阴离子	测定溶液 pH	稀 H_2SO_4 实验	还原性阴离子实验			氧化性阴离子实验	$BaCl_2$ 实验	$AgNO_3$ 实验	综合判断
			$KMnO_4$（酸性）	$KMnO_4$（碱性）	淀粉-KI				
PO_4^{3-}									
Cl^-									
Br^-									
I^-									
NO_3^-									
NO_2^-									
CO_3^{2-}									

二、阴离子的个别鉴定

根据上面初步实验的结果，可以综合判断可能存在哪些阴离子，然后对可能存在的阴离子进行个别鉴定。

1. S^{2-} 的鉴定

取 1 滴分析试液于离心试管中，加入 1 滴 2 mol·L^{-1} NaOH 溶液，再加入 1 滴 $Na_2[Fe(CN)_5NO]$ 溶液。如果溶液变成紫色，则表示有 S^{2-} 存在。

2. SO_3^{2-} 的鉴定

取 2 滴分析试液滴入点滴板上，加入 1 滴新配的 0.1 mol·L^{-1} $K_4[Fe(CN)_6]$（黄血盐）溶液和 1 滴质量分数为 1%的 $Na_2[Fe(CN)_5NO]$ 溶液，再滴入含 SO_3^{2-} 的溶液，搅动。如果出现红色沉淀，则表示有 SO_3^{2-} 存在。

3. $S_2O_3^{2-}$ 的鉴定

取 2 滴分析试液滴入点滴板上，逐滴加入 0.1 mol·L^{-1} $AgNO_3$ 溶液直至产生白色沉淀，观察沉淀颜色变化。如果溶液颜色发生由白→黄→棕→黑的变化，则表示有 $S_2O_3^{2-}$ 存在。如果有 S^{2-} 干扰，应用上法预先除去。

4. SO_4^{2-} 的鉴定

取 2 滴分析试液于试管中，加入 2 滴 6 mol·L^{-1} HCl 溶液和 1 滴 0.1 mol·L^{-1} $BaCl_2$ 溶液。如果有白色沉淀出现，则表示有 SO_4^{2-} 存在。

5. PO_4^{3-} 的鉴定

取 3 滴分析试液于试管中，加入 5 滴 6 mol·L^{-1} HNO_3 溶液，再加入 8～

10 滴$(NH_4)_2MoO_4$溶液,温热。如果有黄色沉淀出现,则表示有 PO_4^{3-} 存在。反应方程式如下:

$$PO_4^{3-} + 12\,MoO_4^{2-} + 27\,H^+ \Longrightarrow H_3PMo_{12}O_{40} \downarrow\ + 12H_2O$$

6. Cl^- 的鉴定

取 3 滴分析试液于离心试管中,加入 1 滴 6 mol·L^{-1} HNO_3 溶液酸化,再滴加 0.1 mol·L^{-1} $AgNO_3$ 溶液。如果有白色沉淀,则初步说明试液中可能有 Cl^- 存在。将离心试管放置于水浴中微热,离心分离,弃去清液,在沉淀上加入 3~5 滴 6 mol·L^{-1} 氨水溶液,用细玻璃棒搅拌。如果沉淀溶解,再加入 5 滴 6 mol·L^{-1} HNO_3 溶液酸化。如果重新生成白色沉淀,则表示有 Cl^- 存在。

7. Br^- 的鉴定

取 5 滴分析试液于离心试管中,加入 3 滴 1 mol·L^{-1} H_2SO_4 溶液和 2 滴 CCl_4,然后逐滴加入 5 滴氯水溶液并振荡试管。如果 CCl_4 层出现黄色或橙红色,则表示有 Br^- 存在。

8. I^- 的鉴定

取 5 滴分析试液于离心试管中,加入 2 滴 1 mol·L^{-1} H_2SO_4 溶液和 3 滴 CCl_4,然后逐滴加入氯水溶液并振荡试管。如果 CCl_4 层出现紫色然后褪至无色,则表示有 I^- 存在。

9. NO_2^- 的鉴定

在点滴板上滴加对氨基苯磺酸、α-萘胺和分析试液各 1 滴,加入 1 滴 2 mol·L^{-1} HAc 溶液酸化。如果溶液呈鲜红色,则表示有 NO_2^- 存在。

10. NO_3^- 的鉴定

在点滴板上,滴加 1 滴分析试液,加入一颗很小的硫酸亚铁晶体,然后沿晶体边缘滴加 1 滴浓 H_2SO_4。如果 $FeSO_4$ 晶体四周形成棕色圆环,则表示有 NO_3^- 存在。

11. CO_3^{2-} 的鉴定

取 5 滴含 CO_3^{2-} 的试液于离心试管中,用 pH 试纸测定溶液的 pH,再加入 5 滴6 mol·L^{-1} HCl 溶液,立即将事先沾有 1 滴新配制的石灰水或 $Ba(OH)_2$ 溶液的玻璃棒置于试管口上方,仔细观察。如果玻璃棒上的溶液立刻变为白色浑浊液,再结合溶液的 pH,则可以判断有 CO_3^{2-} 存在。

三、几种干扰性阴离子共同存在时的分离和鉴定

1. S^{2-}、$S_2O_3^{2-}$、SO_3^{2-} 共同存在时的分离和鉴定

取 1～2 滴分析试液滴在滴板上,加入 1 滴 $Na_2[Fe(CN)_5NO]$ 溶液,若溶液显紫红色,则说明有 S^{2-} 存在。另取 1 份分析试液滴于离心管中,加入少量固体 $PbCO_3$ 充分搅动,注意沉淀颜色变化,离心分离。取 1 滴清液用 $Na_2[Fe(CN)_5NO]$ 溶液检查 S^{2-} 是否沉淀完全,如果不完全,离心液重复用 $PbCO_3$ 处理,直至 S^{2-} 除尽。在分离掉 S^{2-} 的离心液中加入 $0.5\ mol\cdot L^{-1}$ $Sr(NO_3)_2$ 溶液使 SO_3^{2-} 沉淀为 $SrSO_3$,加热 3～4 min,再加入 1 滴 $Sr(NO_3)_2$ 溶液检验 SO_3^{2-} 是否沉淀完全。沉淀完全后,离心分离,沉淀用作 SO_3^{2-} 的鉴定,将清液吸至另一试管,并加入数滴 $0.1\ mol\cdot L^{-1}$ $AgNO_3$ 溶液。如果有白色沉淀产生,且变化由白→黄→棕→黑,则说明有 $S_2O_3^{2-}$ 存在。将上述沉淀用蒸馏水洗涤后,用 $2\ mol\cdot L^{-1}$ HCl 溶液处理并将 $2\ mol\cdot L^{-1}$ HCl 溶液处理后所得的清液用 $2\ mol\cdot L^{-1}$ 氨水溶液中和成中性,进行 SO_3^{2-} 鉴定。

2. Cl^-、Br^-、I^- 混合液的分离和鉴定

一般方法是将卤素离子转化为卤化银,然后用氨水溶液或 $(NH_4)_2CO_3$ 溶液将 $AgCl$ 溶解而与 Br^-、I^- 分离。在余下的 $AgBr$、AgI 混合物中加入稀 H_2SO_4 溶液酸化,再加入少量锌粉或镁粉,并加热将 Br^-、I^- 转入溶液。酸化后再加入氯水溶液和 CCl_4,振荡。若 CCl_4 层显紫红色,则表示有 I^- 存在。继续加入氯水溶液,若 CCl_4 层显棕黄色,则表示有 Br^- 存在。

【思考题】

1. 初步实验有哪些内容?为什么初步实验可以判断阴离子的存在或不存在?回答初步实验中提出的问题。写出有关反应方程式。

2. 鉴定 SO_3^{2-} 和 $S_2O_3^{2-}$ 时,怎样除去 S^{2-} 的干扰?

3. 鉴定 NO_3^- 时,怎样除去 NO_2^-、Br^-、I^- 的干扰?

4. 用图表形式表示 S^{2-}、$S_2O_3^{2-}$、SO_3^{2-} 混合离子的分离过程和鉴定方法。

5. 用图表形式表示 Cl^-、Br^-、I^- 混合离子的分离过程和鉴定方法。

附　　录

附录一　PHS－3C 型酸度计

一、工作原理

PHS－3C 型酸度计外形结构及主要附件如附图 1－1 所示,水溶液酸碱度的测量一般用玻璃电极作为测量电极、甘汞电极或氯化银电极作为参比电极。

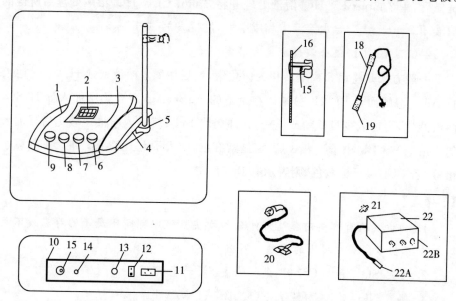

1—机箱盖;2—显示屏;3—面板;4—机箱底;5—电极梗插座;6—定位调节旋钮;7—斜率补偿调节旋钮;

8—温度调节补偿旋钮;9—选择开关旋钮(pH/mV);10—仪器后面板;11—电源插座;12—电源开关;

13—保险丝;14—参比电极接口;15—测量电极插座;16—电极梗;17—电极夹;

18—E－201－C－9 塑壳可充式 pH 复合电极;19—电极套;20—电源线;21—Q9 短路插头;

22—电极转换器;22A—电极转换器插头;22B—电极转换器插座。

附图 1－1　PHS－3C 型酸度计外形结构及主要附件

当氢离子活度发生变化时,玻璃电极和参比电极之间的电动势也随之引起变化,电动势变化符合下列公式:

$$E=E_0-2.303\frac{RT}{F}\text{pH}$$

式中,R 为摩尔气体常数(8.314 J·mol^{-1}·K^{-1});T 为绝对温度;F 为法拉第常数(96485 C·mol^{-1});E_0 为电极系统零电位;pH 为被测溶液 pH 和内溶液 pH 之差。

本仪器所用电极为指示电极和参比电极组合在一起的塑壳可充式复合电极。

二、使用方法

1. 开机前准备

(1)电极梗旋入电极梗插座,调节电极夹到适当位置;复合电极夹在电极夹上,拉下复合电极前端的电极套;

(2)用蒸馏水清洗电极,清洗后用滤纸吸干。

2. 开机

(1)电源线插入电源插座;

(2)按下电源开关,电源接通后,预热 30 min,接着进行标定。

3. 标定

仪器使用前,先要标定。一般来说,仪器在连续使用时,每天要标定一次。具体标定步骤如下:

(1)在测量电极插座处拔去 Q9 短路插头;

(2)在测量电极插座处插上复合电极;

(3)如不用复合电极,则在测量电极插座处插上电极转换器插头,玻璃电极插头插入电极转换器插座处,参比电极接入参比电极接口处;

(4)把选择开关旋钮调到 pH 档;

(5)调节温度调节补偿旋钮使旋钮白线对准溶液温度值;

(6)把斜率补偿调节旋钮顺时针旋到底(即调到 100% 位置);

(7)把清洗过的电极插入 pH＝6.86 的缓冲溶液中;

(8)调节定位调节旋钮,使仪器显示读数与该缓冲溶液当时温度下的 pH 相一致(如用混合磷酸盐定位温度为 10 ℃时,pH＝6.92),缓冲溶液的 pH 与温度关系对照表见附表 1-1 所列;

(9)用蒸馏水清洗电极,再插入 pH＝4.00(或 pH＝9.18)的标准缓冲溶液中,调节斜率旋钮使仪器显示读数与该缓冲液中当时温度下的 pH 一致;

附表 1-1 缓冲溶液的 pH 与温度关系对照表

温度/ ℃	0.05 mol·kg⁻¹ 邻苯二钾酸氢钾	0.025 mol·kg⁻¹ 混合物磷酸盐	0.01 mol·kg⁻¹ 四硼酸钠
5	4.00	6.95	9.39
10	4.00	6.92	9.33
15	4.00	6.90	9.28
20	4.00	6.88	9.23
25	4.00	6.86	9.18
30	4.01	6.85	9.14
35	4.02	6.84	9.11
40	4.03	6.84	9.07
45	4.04	6.84	9.04
50	4.06	6.83	9.03
55	4.07	6.83	8.99
60	4.09	6.84	8.97

(10)重复步骤(7)～(9)直至不用再调节定位调节旋钮和斜率调节旋钮为止;

(11)仪器完成标定。

注意:经标定后,定位调节旋钮及斜率调节旋钮不应再有变动。

标定的缓冲溶液第一次应用 pH＝6.86 的缓冲溶液,第二次应用接近被测溶液 pH 的缓冲溶液,如被测溶液为酸性时,应选 pH＝4.00 的缓冲溶液;如被测溶液为碱性时,则选 pH＝9.18 的缓冲溶液。

一般情况下,在 24 h 内仪器不需再标定。

4. 测量溶液 pH

经标定过的仪器,即可用来测量被测溶液,被测溶液与标定溶液的温度相同与否,测量步骤有所不同。

(1)被测溶液与标定溶液的温度相同时,测量步骤如下:

① 用蒸馏水清洗电极头部,用被测溶液清洁一次;

② 把电极浸入被测溶液中,用玻璃棒搅拌溶液,使溶液均匀,在显示屏上读出溶液的 pH。

(2)被测溶液和标定溶液的温度不同时,测量步骤如下:

① 用蒸馏水清洗电极头部,用被测溶液清洁一次;

② 用温度计测出被测溶液的温度值;

③ 调节温度调节补偿旋钮,使白线对准被测溶液的温度值;

④ 把电极插入被测溶液中,用玻璃棒搅拌溶液,使溶液均匀后读出该溶液的 pH。

5. 测量电极电位值

(1)把离子选择电极或金属电极和甘汞电极夹在电极架上;

(2)用蒸馏水清洗电极头部,用被测溶液清洁一次;

(3)把电极转换器插头插入仪器后部的测量电极插座内,把离子电极的插头插入转换器插座内;

(4)把甘汞电极接入仪器后部的参比电极接口上;

(5)把两种电极插在被测溶液内,将溶液搅拌均匀后,即可在显示屏上读出该离子选择电极的电极电位值,还可以自动显示正负极性;

(6)如果被测信号超出仪器的测量范围或测量端开路时,则显示屏会不亮,且有超载报警。

6. 电极使用维护的注意事项

(1)电极在测量前必须用已知 pH 的标准缓冲溶液进行标定校准,其值越接近被测值越好。

(2)取下电极套后,应避免电极的敏感玻璃泡与硬物接触,因为任何破损或擦毛都会使电极失效。

(3)测量后,及时将电极保护套套上,套内应放少量补充液以保持电极球泡的湿润,切忌浸泡在蒸馏水中。

(4)复合电极的外参比补充液为 3 mol·L^{-1} KCl 溶液,补充液可以从电极上端小孔加入。

(5)电极的引出端必须保持清洁干燥,防止输出两端短路导致的测量失准或失效发生。

(6)电极应与输入阻抗较高的酸度计(大于或等于 10^{12} Ω)配套,以使其保持良好的特性。

(7)电极应避免长期浸在蒸馏水、蛋白质溶液和酸性氟化物溶液中。

(8)电极避免与有机硅油接触。

(9)电极经长期使用后,如发现斜率略有降低,可把电极下端浸泡在质量分数为4%的 HF 溶液中3~5 s,用蒸馏水洗净,然后在 $0.1\ mol \cdot L^{-1}$ 盐酸溶液中浸泡,使之复新。

(10)被测溶液中如含有易污染敏感球泡或堵塞液接界的物质而使电极钝化,会出现斜率降低现象,引起读数不准。如发生该现象,则应根据污染物质的性质,用适当溶液清洗,使电极复新。

附录二　DDS－11D 型电导率仪

一、工作原理

如附图 2－1 所示,把幅度恒定的电压增加到电导池的两个电极上,这时流过溶液的电流 I_x 的大小取决于溶液中所含离子的数量,也即取决于溶液中呈现的电阻 R_x 和外加电压 E,即

$$R_x = E \,/\, I_x$$

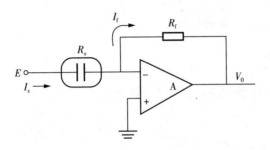

附图 2－1　测量原理图

金属导体是通过电子的移动而导电且服从欧姆定律,对溶液则是通过正、负离子的移动导电的。同样,可引用欧姆定律表示为

$$R_x = E \,/\, I_x = \rho \times L \,/ A \qquad\qquad (A－1)$$

式中,L 为两电极间液柱之距离,单位为 cm;A 为两电极间液柱的截面积,单位为 cm^2。

电导池的形状不变时,L/A 是个常数,称为电极常数,以 J 表示,则式(A－1)可变为 $E \,/\, I_x = \rho \times J$。从而推导出电导率为

$$K = 1/\,\rho = J \times I_x /\, E = J \times I_f /\, E = J \times V_0 /(E \times R_f) \qquad (A－2)$$

式中,I_f 为分压电流;R_f 为分压电阻。

可见,被测介质的电导率与运算放大器的输出电压成正比(在常数 J 及输出电压为定值时),因此,只需测量 V_0 的大小就可显示出被测介质电导率的高低。

仪器电路方框图如附图 2－2 所示。

为降低“极化”作用所造成的附加误差及消除电导池中双层电容的影响,振

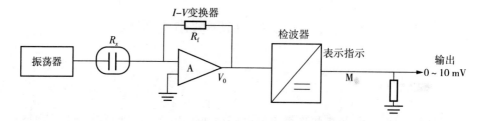

附图 2－2　电路方框图

荡器产生畅值稳定的交流测量信号，此信号加于电导池后变换为电流信号输入于运算放大器 A 的反相端，经过比例运算后便把 R_x 的大小变换为相应的电压信号 V_0，从式（A－2）可知，这种转换是线性的。V_0 经检波器后变为直流电压信号，由电表 M 指示出溶液的电导率。

二、使用方法

（1）仪器外露各器件及各调节器功能如附图 2－3 所示。

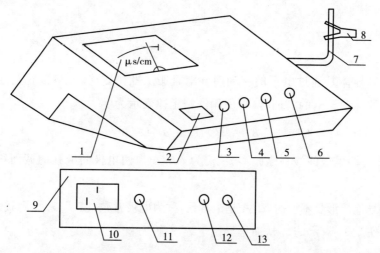

1—表头；2—电源开关；3—温度补偿调节器；4—常数补偿调节器；5—校正调节器；6—量程开关；
7—电极支架；8—电极夹；9—后面板；10—电源插座；11—保险丝座；12—输出插口；13—电极插座。
附图 2－3　仪器外形及各调节器功能

（2）电极的使用。按被测介质电阻率（电导率）的高低，选用不同常数的电极和不同的测试方法。当介质电阻率大于 100 MΩ·cm（大于 1 μs·cm^{-1}）或小于 10 MΩ·cm（小于 0.1 μs·cm^{-1}）时，选用 0.1 cm^{-1} 常数的电极，任意状态下测量。当电导率为 $1 \sim 100 \ \mu s \cdot cm^{-1}$ 时选用常数为 $1 \ cm^{-1}$ 的 DSJ - 1C 型光亮电极。当电导率为 $100 \sim 1000 \ \mu s \cdot cm^{-1}$ 时选用 DSJ - 1C 型铂黑电极,任意状态下测量。当电导率大于 $1000 \ \mu s \cdot cm^{-1}$ 时应选用 DSJ - 10C 型铂黑电极。

(3)调节温度补偿调节器的旋钮。用温度计测出被测介质温度后,把温度补偿调节器的旋钮置于相应介质温度的刻度上。

注意: 若把旋钮置于 25 ℃ 线上,仪器就不能进行温度补偿(无温度补偿方式)。

(4)调节常数补偿调节器的旋钮。调节常数补偿调节器的旋钮置于与使用电池的常数相一致的位置上。

① 对 DJS - 1C 型电极,若常数为 0.95,则调在 0.95 位置上。

② 对 DJS - 10C 型电极,若常数为 9.5,则调在 0.95 位置上。

③ 对 DJS - 0.1C 型电极,若常数为 0.095,则调在 0.95 位置上。

④ 对 DJS - 0.01C 型电极,若常数为 0.0095,则调在 0.95 位置上。

(5)把量程开关置于"检查"位置,调节校正调节器使电表指示满度。

(6)把量程开关置于所需的测量挡。如预先不知道被测介质电导率的大小,应先把其置于最大电导率挡,然后逐挡下降,以防表针打坏。

(7)把电极插头插入电极插座,使插头的凹槽对准电极插座的凸槽,然后用食指按下电极插头的顶部,即可插入,拔出时捏住电极插头的下部,往上拔即可,然后把电极浸入介质。

(8)量程开关置于有黑点的挡,读表面上行刻度(0~1);再置于有红点的挡,读表面下行刻度(0~3)。

三、注意事项

(1)在测量高纯水时应避免污染。

(2)若需要保证高纯水测量精度,应采用不补偿方式测量。

(3)温度补偿采用固定的 2% 的温度系数补偿。

(4)为确保测量精度,电极使用前应用小于 0.5 $\mu s \cdot cm^{-1}$ 的蒸馏水(或去离子水)冲洗两次,然后用被测试样冲洗三次后再测量。

(5)电极插座禁止沾上水,以免造成不必要的测量误差。

(6)电极应定期进行标定常数。

四、典型案例

用参比溶液法测定电极常数的步骤:

(1)清洗电极。

(2)配制标准溶液,配制的成分比例和标准电导率值见附表2-1所列。

附表2-1 氯化钾标准溶液浓度及其电导率值

温度/ ℃	电导率/(S·cm^{-1})			
	1D	0.1D	0.01D	0.001D
15	0.09212	0.010455	0.0011414	0.0001185
18	0.09780	0.011168	0.0012200	0.0001267
20	0.10170	0.011644	0.0012737	0.0001322
25	0.11131	0.012852	0.0014083	0.0001465
35	0.13110	0.015351	0.016876	0.0001765

注:D为溶液名义浓度;1D为20 ℃条件下每升溶液中含74.2460 g KCl;0.1D为20 ℃条件下每升溶液中含7.4365 g KCl;0.01D为20 ℃条件下每升溶液中含0.7740 g KCl;0.001D为20 ℃条件下将100 mL的0.01D溶液稀释至1 L。

(3)把电导池接入电桥。

(4)控制溶液温度为25 ℃。

(5)把电极浸入标准溶液中。

(6)测出电导池电极间电阻 R。

(7)按下式计算电极常数 J

$$J = R \cdot k$$

式中,k 为溶液已知的电导率(见附表2-1)。

电极常数不必经常测定,但当重新镀铂黑时,必须重新确定。

测定电极常数的 KCl 标准浓度见附表2-2所列。

附表2-2 KCl 标准浓度

电极常数/cm^{-1}	0.01、0.1	0.1 或 1 光亮	1 光亮或铂黑	1 铂黑或 10 铂黑
KCl 标准浓度	0.001D	0.01D	0.1D	0.1D 或 1D

注:KCl 应该用一级试剂,并需在110 ℃烘箱中烘4 h,取出在干燥器中冷却至室温后才可称量。

附录三　Zetasizer Nano 型 Zeta 电位仪

一、工作原理

Zetasizer Nano 系列电位仪通过测量电泳迁移率并运用 Henry 方程可计算 Zeta 电位。

粒子表面存在的净电荷,影响粒子界面周围区域的离子分布,导致接近表面抗衡离子(与粒子电荷相反的离子)浓度增加。于是,每个粒子周围均存在双电层(见附图 3-1)。围绕粒子的液体层存在两部分:一是内层区,称为 Stern 层,其中离子与粒子紧紧地结合在一起;另一个是外层分散区,其中离子不那么紧密地与粒子相吸附。在外层分散区,有一个抽象边界,在边界内的离子和粒子形成稳定实体。当粒子运动时,在此边界内的离子随着粒子运动,但此边界外的离子不随着粒子运动。这个边界称为流体力学剪切层或滑动面(slippingplane),在这个边界上存在的电位即称为 Zeta 电位。

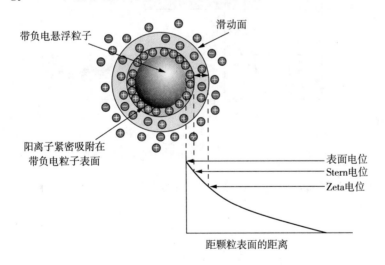

附图 3-1　Zeta 电位与胶体的稳定性示意图

Zeta 电位的大小表示胶体系统的稳定性趋势。胶体系统是指当物质良好的分散在另一相而形成的体系。如果悬浮液中所有粒子具有较大的正的或负的 Zeta 电位,那么它们将倾向于互相排斥,没有絮凝的倾向。但是如果粒子的

Zeta 电位值较低,则没有力量阻止粒子接近并絮凝。稳定与不稳定悬浮液的通常分界线是 ＋30 mV 或 －30 mV。Zeta 电位大于 ＋30 mV 正电或小于 －30 mV 负电的粒子,通常认为是稳定的。

影响 Zeta 电位的最重要因素是 pH。没有引用 pH 的 Zeta 电位值,本身实际上是没有意义的数字。想象悬浮液中的一个粒子,具有负 Zeta 电位。如果在这个悬浮液中加入碱,那么粒子将倾向于得到更多负电荷。如果在这个悬浮液中加入酸,将达到某一点,负电荷被中和。进一步加入酸,则导致在表面产生正电荷。因此,Zeta 电位对照 pH 的曲线,在低 pH 时是正电的,而在高 pH 时是较低正电或负电。曲线通过零 Zeta 电位的点,叫作等电点(isoelectic point),在实际应用过程中是非常重要的。正常情况下它就是胶体系统最不稳定的点。pH 与 Zeta 电位的大小关系示意图如附图 3-2 所示。

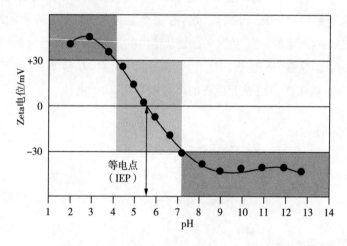

附图 3-2　pH 与 Zeta 电位的大小关系示意图

Zeta 电位是通过测量电泳迁移率,并根据理论推导得到。电泳是指当电场施加于电解质时,悬浮在电解质中的带电粒子被吸引向相反电荷的电极。作用于粒子的黏性力倾向于对抗这种运动。当这两种对抗力达到平衡时,粒子以恒定的速度运动。粒子的速度依赖于电场或电压梯度的强度、介质的介电常数、介质的黏度和 Zeta 电位四个因素。电场中粒子的速度通常指的是电泳迁移率。已知电泳迁移率时,通过应用 Henry 方程 $U_E = \dfrac{2\varepsilon z f(Ka)}{3\eta}$,可以得到粒子的 Zeta 电位。其中 z 为 Zeta 电位;U_E 为电泳迁移率;ε 为介电常数;η 为黏度;$f(Ka)$ 为 Henry 函数。通常在水性介质和中等电解质浓度下进行 Zeta 电位的

电泳测定时 $f(Ka)$ 为 1.5，即 Smoluchowski 近似。因此，对适合 Smoluchowski 模型的系统，即大于 $0.2~\mu m$ 的粒子分散在含大于 10^{-3} 硫酸亚铁铵的电解质溶液中，可由此种算法直接从迁移率计算 Zeta 电位。Smoluchowski 近似用于弯曲式毛细管样品池（见附图 3-3）和通用插入式样品池的水相样品。对较低介电常数介质中的小粒子，$f(Ka)$ 为 1.0，允许同样的简单计算，这通常是指 Huckel 近似。非水相测量通常使用 Huckel 近似。电泳迁移率的测定是在带电极的样品池两端施加电压，使粒子朝着相反电荷的电极运动，测量其速度并以单位场强表示，即电泳迁移率 U_E。

二、使用方法

1. 样品要求

Zeta 电位测试利用电泳光散射，检测样品中悬浮的颗粒在特定的溶液环境中电位的高低。其测试目的是检测颗粒表面的带电性能，包括电性和电位

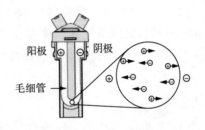

附图 3-3　弯曲式毛细管样品池

高低，以预测整个悬浮体系的稳定性。该检测要求颗粒具有一定的散射能力，即颗粒物不能太小（粒径不能小于 2 nm），同时颗粒物不能具有太强烈的沉淀运动，即颗粒物不能太大（粒径不能超过 $100~\mu m$）。样品可混浊，但是需要有一定的透光性。

2. 样品制备

弯曲式毛细管样品池制样过程如附图 3-4 所示。用注射器取 1 mL 水性样品，将注射器与弯曲式毛细管样品池一端连接，将样品缓慢注射入样品池，检查是否除去所有气泡。如果在样品池端口下形成一个气泡，将注射器活塞拉回，使气泡吸回注射器体，再重新注射。一旦样品开始从第二个样品端口冒出，插入塞子。移去注射器，插入第二个塞子。在样品池的透明毛细区域，不应看到任何气泡。必要时，轻拍样品池以驱逐气泡。检查样品池电极是否仍然完全被样品淹没。吸干溅在外部电极上的任何液体后插入样品槽

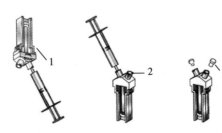

1—样品池；2，3—塞子。

附图 3-4　弯曲式毛细管样品池制样过程

中。注意：进行测量之前，必须配置塞子。

3. 测试步骤

（1）在电脑桌面上找到 Zetasizer 图标后点开，点击"measure"选择"Manual"，再点击"Measurement type"，选择"zeta potential"。

（2）在"sample"选项中输入样品名称和备注；在"Material"选项中保留为默认值（检测 Zeta 电位不需要其中参数的信息）；在"Dispersant"选项中输入对应 Dispersant 的信息，并命名保存；在"General options"选项中选择"Smoluchowski"模型；在"Temperature"温度选项中输入检测的温度和平衡时间。注：如果测试温度和室温相差较大，需要输入较长时间用于样品平衡。通常如果样品从室温条件放入仪器在 25 ℃条件下测试，需要恒温至少120 s；在"cell"样品池选项中选择对应的样品池种类。

（3）在"measurement"选项中的"introductions"和"Advanced"选项保留为默认选择。

（4）"Report"和"Export"保留为默认选择。

（5）点击"OK"开始检测。检测结束后，仪器自动停止测试。

附录四　72型可见分光光度计工作原理

分光光度计的型号较多,如 72 型、722 型、723 型等,这里主要介绍实验室常用的 72 型分光光度计。

一、工作原理

光通过有色溶液后有一部分被有色物质的质点吸收,如果有色物质浓度越大或液层越厚,即有色质点越多,则对光的吸收也越多,透过的光就越弱。如果 I_0 为入射光的强度,I_t 为透过光的强度,则 I_0/I_t 是透过率,$\lg(I_0/I_t)$ 定义为吸光度 A。吸光度越大,溶液对光的吸收越多。实验证明,当一束单色光(具有一定波长的光)通过一定厚度 l 的有色溶液时,有色溶液对光的吸收程度与溶液中有色物质的浓度 c 成正比,即

$$A = klc$$

上式是光的吸收定律或朗伯-比耳定律的数学表达式。式中,k 是一个比例常数,它与入射光的波长以及溶液的性质、温度等因素有关。当光束的波长一定时,k 即为溶液中有色物质的一个特征常数。这个定律是比色分析的理论基础。

单色光通过待测溶液,经待测液吸收后的透射光射向电转换元件,变成电信号,在检流计或数字显示器上就可读出吸光度。有色物质对光的吸收有选择性,通常用光的吸收曲线来描述有色溶液对光的吸收情况。将不同波长的单色光依次通过一定浓度的有色溶液,分别测定吸光度。以波长为横坐标,吸光度为纵坐标作图,所得曲线称为光的吸收曲线。当单色光的波长为最大吸收峰处的波长时,称为最大吸收波长(λ_{max}),选用波长为 λ_{max} 的光进行测量,光的吸收程度最大,测定的灵敏度和准确度都高。

在测定样品前,首先要作工作曲线,即在与试样测定相同的条件下,测量一系列已知准确浓度的标准溶液的吸光度,作出吸光度-浓度曲线,即得工作曲线图,测出试样的吸光度后,就可从工作曲线图求出其浓度。

二、使用方法

72 型可见分光光度计使用步骤如下。

（1）开机预热。仪器在使用前应预热 30 min。

（2）波长设置。按动"▲▼"键，并观察显示屏上波长值，至需要的测试波长。

（3）调 T 零（0％T）。仪器调 0％T 必须在样品室盖关闭的状态下。按动"调 0％T"键显示屏上显示"ZERO"，仪器便进入自动调 0％T 状态，当显示器显示"XXX.X％T"或"－0.XXXA"时，便完成调 T 零。

（4）调 100％T/0A。将参比（空白）样品置入样品架，并拉动样品架拉杆使其进入光路。然后按动"调 100％T/0A"键，此时屏幕显示"BLANK"延迟数秒，在 T 模式时显示"100.0％T"或在 A 模式时显示"－0.000A"或"0.000A"，即自动完成调 100％T/0A。

注意事项：调 100％T/0A 时不要打开样品室盖、推拉样品架。

（5）将盛有待测液的比色皿插入比色皿槽，然后关上样品室盖后推入光路，从显示器上读取吸光度值。

（6）重复上述测定操作 1～2 次，读取相应吸光度，求其平均值作为测定的数据，实验完毕，关闭开关，拔下插头，复原仪器。

三、仪器的维护

（1）为确保仪器稳定工作，如电压波动较大，则应将 220 V 电源预先稳压。

（2）当仪器工作不正常时，如数字表无亮光，光源灯不亮，开关指示灯无信号等，应检查仪器后盖保险丝是否损坏，然后检查电源线是否接通，再查电路。

（3）仪器要接地良好。

（4）仪器左侧下角有一只干燥剂筒，试样内也有硅胶，应保持其干燥性，发现变色立即更新或加以烘干再用。当仪器停止使用后，也应该定期更新烘干。

（5）为了避免仪器积灰玷污，在停止工作时，用套子罩住整个仪器，在套子内应放数袋防潮硅胶，以免灯室受潮，使反射镜镜面有霉点或玷污，从而影响仪器性能。

（6）仪器工作数月或搬动后，要检查波长精度和吸光度精度等，以确保仪器的使用和测定精度。

附录五 实验室常用酸碱浓度

实验室常用酸碱浓度见附表 5-1 所列。

附表 5-1 实验室常用酸碱浓度

试剂名称	20 ℃密度/ (g·mL^{-1})	质量分数/%	物质的量浓度/ (mol·mL^{-1})
浓硫酸	1.84	98	18.4
稀硫酸	—	9	1.0
浓盐酸	1.19	38	12.4
稀盐酸	—	7	2.0
浓硝酸	1.41	68	15.2
稀硝酸	1.20	32	6.0
稀硝酸	—	12	2
浓磷酸	1.70	85	14.7.0
稀磷酸	1.05	9	1.0
浓高氯酸	1.67	70	11.6
稀高氯酸	1.12	19	2.0
浓氢氟酸	1.13	40	23.0
氢溴酸	1.38	40	7.0
氢碘酸	1.70	57	7.5
冰醋酸	1.05	99	17.5
稀醋酸	1.04	30	5.0
稀醋酸	—	12	2.0
浓氢氧化钠	1.44	约41	14.4
稀氢氧化钠	—	8	2.0
浓氨水	0.91	约28	14.8
稀氨水	—	3.5	2.0
氢氧化钙水溶液	—	0.15	—
氢氧化钡水溶液	—	2	约0.1

附录六　部分弱电解质在水中的电离平衡常数

部分弱电解质在水中的电离平衡常数见附表 6-1 所示。

附表 6-1　部分弱电解质在水中的电离平衡常数

化学式	温度/℃	K	pK
H_3BO_3	20	$K = 7.3 \times 10^{-10}$	$pK = 9.14$
HBrO	25	$K = 2.06 \times 10^{-9}$	$pK = 8.69$
HClO	18	$K = 2.95 \times 10^{-8}$	$pK = 7.53$
HCN	25	$K = 4.93 \times 10^{-10}$	$pK = 9.31$
H_2CO_3	25	$K_1 = 4.3 \times 10^{-7}$ $K_2 = 5.61 \times 10^{-11}$	$pK_1 = 6.37$ $pK_2 = 10.25$
$H_2C_2O_4$	25	$K_1 = 5.90 \times 10^{-2}$ $K_2 = 6.40 \times 10^{-5}$	$pK_1 = 1.23$ $pK_2 = 4.19$
H_2CrO_4	25	$K_1 = 1.8 \times 10^{-1}$ $K_2 = 3.20 \times 10^{-7}$	$pK_1 = 0.74$ $pK_2 = 6.49$
HF	25	$K = 3.53 \times 10^{-4}$	$pK = 3.45$
HIO	25	$K = 2.3 \times 10^{-11}$	$pK = 10.64$
HIO_3	25	$K = 1.69 \times 10^{-1}$	$pK = 0.77$
HIO_4	25	$K = 2.3 \times 10^{-2}$	$pK = 1.64$
HNO_2	12.5	$K = 4.6 \times 10^{-4}$	$pK = 3.37$
H_2O_2	25	$K = 2.4 \times 10^{-12}$	$pK = 11.62$
H_3PO_4	25	$K_1 = 7.52 \times 10^{-3}$ $K_2 = 6.23 \times 10^{-6}$ $K_3 = 2.2 \times 10^{-13}$	$pK_1 = 2.12$ $pK_2 = 7.21$ $pK_3 = 12.67$
H_2S	18	$K_1 = 9.1 \times 10^{-8}$ $K_2 = 1.1 \times 10^{-12}$	$pK_1 = 7.04$ $pK_2 = 11.96$
H_2SO_3	18	$K_1 = 1.54 \times 10^{-12}$ $K_2 = 1.02 \times 10^{-7}$	$pK_1 = 1.81$ $pK_2 = 6.91$

（续表）

化学式	温度/ ℃	K	pK
H_2SO_4	25	$K_2 = 1.20 \times 10^{-2}$	p$K_2 = 1.92$
HCOOH	25	$K = 1.772 \times 10^{-4}$	p$K = 3.75$
CH_3COOH	25	$K = 1.76 \times 10^{-5}$	p$K = 4.75$
C_6H_5COOH	25	$K = 6.46 \times 10^{-5}$	p$K = 4.19$
$NH_3 \cdot H_2O$	25	$K = 1.79 \times 10^{-5}$	p$K = 4.75$
AgOH	25	$K = 1.1 \times 10^{-4}$	p$K = 3.96$
$Ca(OH)_2$	25	$K_1 = 3.74 \times 10^{-3}$	p$K_1 = 2.43$
$Pb(OH)_2$	25	$K = 9.6 \times 10^{-4}$	p$K = 3.02$
$Zn(OH)_2$	25	$K = 9.6 \times 10^{-4}$	p$K = 3.02$
N_2H_4	20	$K = 1.7 \times 10^{-6}$	p$K = 5.77$
NH_2OH	20	$K = 1.07 \times 10^{-8}$	p$K = 7.97$

附录七 25 ℃时部分难溶电解质在水中的溶度积常数

25 ℃时部分难溶电解质在水中的溶度积常数见附表 7-1 所列。

附表 7-1 25 ℃时部分难溶电解质在水中的溶度积常数

物 质	K_{sp}	物 质	K_{sp}
$Ag_2C_2O_4$	5.40×10^{-12}	CaF_2	1.46×10^{-10}
Ag_2CO_3	8.45×10^{-12}	$CaSO_4$	7.10×10^{-5}
Ag_2CrO_4	1.12×10^{-12}	$Cd(IO_3)_2$	2.49×10^{-8}
$Ag_2S(\alpha 型)$	6.69×10^{-50}	$Cd(OH)_2$	5.27×10^{-15}
$Ag_2S(\beta 型)$	1.09×10^{-49}	$Cd_3(AsO_4)_2$	9.83×10^{-33}
Ag_2SO_3	1.49×10^{-14}	$Cd_3(PO_4)_2$	2.53×10^{-33}
Ag_2SO_4	1.20×10^{-5}	$CdC_2O_4 \cdot 3H_2O$	1.42×10^{-8}
Ag_3AsO_4	1.03×10^{-22}	$CdCO_3$	6.18×10^{-12}
Ag_3PO_4	8.88×10^{-17}	CdF_2	6.44×10^{-3}
$AgBr$	5.35×10^{-13}	CdS	1.40×10^{-29}
$AgBrO_3$	5.34×10^{-5}	$Co(IO_3) \cdot 2H_2O$	1.21×10^{-2}
$AgC_2H_3O_2$	1.94×10^{-3}	$Co(OH)_2(粉色)$	1.09×10^{-15}
$AgCl$	1.77×10^{-10}	$Co(OH)_2(蓝色)$	5.92×10^{-15}
$AgCN$	5.97×10^{-17}	$Co(OH)_3$	1.6×10^{-44}
AgI	8.51×10^{-17}	$Co_3(AsO_4)_2$	6.79×10^{-29}
$AgIO_3$	3.17×10^{-8}	$Co_3(PO_4)_2$	2.05×10^{-35}
$AgSCN$	1.03×10^{-12}	$Cu(IO_3)_2 \cdot H_2O$	6.94×10^{-8}
$AlPO_4$	9.83×10^{-21}	$Cu_2(AsO_4)_2$	7.93×10^{-36}
$Ba(IO_3)_2$	4.01×10^{-9}	Cu_2S	2.26×10^{-48}
$Ba(IO_3)_2 \cdot H_2O$	1.67×10^{-9}	$Cu_3(PO_4)_2$	1.39×10^{-37}
$Ba(OH)_2 \cdot 8H_2O$	2.55×10^{-4}	$CuBr$	6.27×10^{-9}
$BaCO_3$	2.58×10^{-9}	CuC_2O_4	4.43×10^{-10}

（续表）

物　质	K_{sp}	物　质	K_{sp}
$BaCrO_4$	1.17×10^{-10}	$CuCl$	1.72×10^{-7}
BaF_2	1.84×10^{-7}	CuI	1.27×10^{-12}
$BaSO_4$	1.07×10^{-10}	CuS	1.27×10^{-36}
Bi_2S_3	1.82×10^{-99}	$CuSCN$	1.77×10^{-13}
$BiAsO_4$	4.43×10^{-10}	$Fe(OH)_2$	4.87×10^{-17}
$Ca(IO_3)_2$	6.47×10^{-6}	$Fe(OH)_3$	2.64×10^{-39}
$Ca(IO_3)_2 \cdot 6H_2O$	7.54×10^{-7}	$FeCO_3$	3.07×10^{-11}
$Ca(OH)_2$	4.68×10^{-6}	FeF_2	2.36×10^{-6}
$Ca_3(PO_4)_2$	2.07×10^{-33}	$FePO_4 \cdot 2H_2O$	9.92×10^{-29}
$CaC_2O_4 \cdot H_2O$	2.34×10^{-9}	FeS	1.59×10^{-19}
$CaCO_3$	6.94×10^{-8}	$Hg(OH)_2$	3.13×10^{-26}
$Hg_2(SCN)_2$	3.12×10^{-20}	$Pb(OH)_2$	1.42×10^{-20}
Hg_2Br_2	6.41×10^{-23}	$Pb(SCN)_2$	2.11×10^{-5}
$Hg_2C_2O_4$	1.75×10^{-13}	$PbBr_2$	6.60×10^{-6}
Hg_2Cl_2	1.45×10^{-18}	PbC_2O_4	8.51×10^{-10}
Hg_2CO_3	3.67×10^{-17}	$PbCl_2$	1.17×10^{-5}
Hg_2F_2	3.10×10^{-8}	$PbCO_3$	1.46×10^{-13}
Hg_2I_2	5.33×10^{-29}	PbF_2	7.12×10^{-7}
Hg_2SO_4	7.99×10^{-7}	PbI_2	8.49×10^{-9}
HgI_2	2.82×10^{-29}	PbS	9.04×10^{-29}
$HgS(红色)$	2.00×10^{-58}	$PbSO_4$	1.82×10^{-8}
$HgS(黑色)$	6.44×10^{-53}	PdS	2.03×10^{-58}
$K_2[PtCl_6]$	7.48×10^{-6}	$Pt(SCN)_2$	4.38×10^{-23}
$KClO_4$	1.05×10^{-2}	PtS	9.91×10^{-74}
Li_2CO_3	8.15×10^{-4}	$Sn(OH)_2$	5.45×10^{-27}
$Mg(OH)_2$	5.61×10^{-12}	SnS	3.25×10^{-28}

（续表）

物 质	K_{sp}	物 质	K_{sp}
$Mg_3(PO_4)_2$	9.86×10^{-25}	$Sr(IO_3)_2$	1.14×10^{-7}
$MgC_2O_4 \cdot 2H_2O$	4.83×10^{-6}	$Sr(IO_3)_2 \cdot 6H_2O$	4.65×10^{-7}
$MgCO_3$	6.82×10^{-6}	$Sr(IO_3)_2 \cdot H_2O$	3.58×10^{-7}
$MgCO_3 \cdot 3H_2O$	2.38×10^{-6}	$Sr_3(AsO_4)_2$	4.29×10^{-19}
$MgCO_3 \cdot 5H_2O$	3.79×10^{-6}	$SrCO_3$	5.60×10^{-10}
MgF_2	7.42×10^{-11}	SrF_2	4.33×10^{-9}
$Mn(IO_3)_2$	4.37×10^{-7}	$SrSO_4$	3.44×10^{-7}
$Mn(OH)_2$	2.06×10^{-13}	$Zn(IO_3)_2$	4.29×10^{-6}
$MnC_2O_4 \cdot 2H_2O$	1.70×10^{-7}	$Zn(OH)_2$ 无定型,陈化	1.12×10^{-16}
$MnCO_3$	2.24×10^{-11}	$Zn(OH)_2$ 晶型,陈化	1.2×10^{-17}
MnS	4.65×10^{-14}	$Zn(OH)_2$ 无定型	2.1×10^{-16}
$Ni(IO_3)_2$	4.71×10^{-5}	$Zn_3(AsO_4)_2$	3.12×10^{-28}
$Ni(OH)_2$	5.47×10^{-16}	$ZnC_2O_4 \cdot 2H_2O$	1.37×10^{-9}
$Ni_3(PO_4)_2$	4.73×10^{-32}	$ZnCO_3$	1.19×10^{-10}
$NiCO_3$	1.42×10^{-7}	$ZnCO_3 \cdot H_2O$	5.41×10^{-11}
NiS	1.07×10^{-21}	ZnF_2	3.04×10^{-2}
$Pb(IO_3)_2$	3.68×10^{-13}	ZnS	2.93×10^{-25}

附录八　部分配离子的不稳定常数

部分配离子的不稳定常数见附表 8-1 所列。

附表 8-1　部分配离子的不稳定常数

配离子解离式	$K_{不稳}$	$pK_{不稳}$	离子强度
$[Ag(CN)_4]^{3-} \rightleftharpoons [Ag(CN)_3]^{2-} + CN^-$	1.35×10^1	-1.13	0
$[Ag(CN)_3]^{2-} \rightleftharpoons [Ag(CN)_2]^- + CN^-$	2.0×10^{-1}	0.70	0
$[Ag(CN)_2]^- \rightleftharpoons Ag^+ + 2CN^-$	1.0×10^{-21}	21.00	0
$[Ag(NH_3)_2]^+ \rightleftharpoons [Ag(NH_3)]^+ + NH_3$	1.20×10^{-4}	3.92	0
$[Ag(NH_3)]^+ \rightleftharpoons Ag^+ + NH_3$	4.79×10^{-4}	3.32	0
$[Ag(NH_3)_2]^+ \rightleftharpoons Ag^+ + 2NH_3$	5.89×10^{-8}	7.23	0
$[Ag(S_2O_3)_2]^{3-} \rightleftharpoons Ag^+ + 2S_2O_3^{2-}$	3.5×10^{-14}	13.46	0
$[AlF_6]^{3-} \rightleftharpoons [AlF_5]^{2-} + F^-$	3.39×10^{-1}	0.47	0.53
$[AlF_5]^{2-} \rightleftharpoons [AlF_4]^- + F^-$	2.40×10^{-2}	1.62	0.53
$[AlF_4]^- \rightleftharpoons AlF_3 + F^-$	1.82×10^{-3}	2.74	0.53
$AlF_3 \rightleftharpoons [AlF_2]^+ + F^-$	1.41×10^{-4}	3.85	0.53
$[AlF_2]^+ \rightleftharpoons [AlF]^{2+} + F^-$	9.55×10^{-6}	5.02	0.53
$[AlF]^{2+} \rightleftharpoons Al^{3+} + F^-$	7.41×10^{-7}	6.13	0.53
$[AlF_6]^{3-} \rightleftharpoons Al^{3+} + 6F^-$	1.45×10^{-20}	19.84	0.53
$[Au(CN)_2]^- \rightleftharpoons Ag^+ + 2CN^-$	5.01×10^{-39}	38.30	0
$[CdCl_3]^- \rightleftharpoons CdCl_2 + Cl^-$	3.89×10^0	-0.59	0
$CdCl_2 \rightleftharpoons [CdCl]^+ + Cl^-$	2.0×10^{-1}	0.70	0
$[CdCl]^+ \rightleftharpoons Cd^{2+} + Cl^-$	1.0×10^{-2}	2.00	0
$[Cd(CN)_4]^{2-} \rightleftharpoons [Cd(CN)_3]^- + CN^-$	6.46×10^{-4}	3.19	0
$[Cd(CN)_3]^- \rightleftharpoons Cd(CN)_2 + CN^-$	4.79×10^{-5}	4.32	0
$Cd(CN)_2 \rightleftharpoons [Cd(CN)]^+ + CN^-$	3.80×10^{-5}	4.42	0
$[Cd(CN)]^+ \rightleftharpoons Cd^{2+} + CN^-$	6.61×10^{-6}	5.18	0

（续表）

配离子解离式	$K_{不稳}$	$pK_{不稳}$	离子强度
$[Cd(CN)_4]^{2-} \rightleftharpoons Cd^{2+} + 4CN^-$	7.66×10^{-18}	17.11	0
$[CdI_4]^{2-} \rightleftharpoons [CdI_3]^- + I^-$	7.94×10^{-2}	1.10	0
$[CdI_3]^- \rightleftharpoons CdI_2 + I^-$	8.32×10^{-2}	1.08	0
$CdI_2 \rightleftharpoons [CdI]^+ + I^-$	2.29×10^{-2}	1.64	0
$[CdI]^+ \rightleftharpoons Cd^{2+} + I^-$	5.25×10^{-3}	2.28	0
$[CdI_4]^{2-} \rightleftharpoons Cd^{2+} + 4I^-$	7.94×10^{-7}	6.10	0
$[Cd(NH_3)_4]^{2+} \rightleftharpoons [Cd(NH_3)_3]^{2+} + NH_3$	1.61×10^{-1}	0.79	0
$[Cd(NH_3)_3]^{2+} \rightleftharpoons [Cd(NH_3)_2]^{2+} + NH_3$	5.01×10^{-2}	1.30	0
$[Cd(NH_3)_2]^{2+} \rightleftharpoons [Cd(NH_3)]^{2+} + NH_3$	1.10×10^{-2}	1.96	0
$[Cd(NH_3)]^{2+} \rightleftharpoons Cd^{2+} + NH_3$	3.09×10^{-3}	2.51	0
$[Cd(NH_3)_4]^{2+} \rightleftharpoons Cd^{2+} + 4NH_3$	2.75×10^{-7}	6.56	0
$[Co(SCN)_4]^{2-} \rightleftharpoons [Co(SCN)_3]^- + SCN^-$	1.1×10^0	-0.04	0
$[Co(SCN)_3]^- \rightleftharpoons Co(SCN)_2 + SCN^-$	5.0×10^0	-0.70	0
$Co(SCN)_2 \rightleftharpoons [Co(SCN)]^+ + SCN^-$	1.0×10^0	0.00	0
$[Co(SCN)]^+ \rightleftharpoons Co^{2+} + SCN^-$	1.0×10^{-3}	3.00	0
$[Co(SCN)_4]^{2-} \rightleftharpoons Co^{2+} + 4SCN^-$	5.50×10^{-3}	2.26	0
$[Co(NH_3)_6]^{2+} \rightleftharpoons [Co(NH_3)_5]^{2+} + NH_3$	5.50×10^0	-0.74	0
$[Co(NH_3)_5]^{2+} \rightleftharpoons [Co(NH_3)_4]^{2+} + NH_3$	8.71×10^{-1}	0.06	0
$[Co(NH_3)_4]^{2+} \rightleftharpoons [Co(NH_3)_3]^{2+} + NH_3$	2.29×10^{-1}	0.64	0
$[Co(NH_3)_3]^{2+} \rightleftharpoons [Co(NH_3)_2]^{2+} + NH_3$	1.17×10^{-1}	0.93	0
$[Co(NH_3)_2]^{2+} \rightleftharpoons [Co(NH_3)]^{2+} + NH_3$	3.09×10^{-2}	1.51	0
$[Co(NH_3)]^{2+} \rightleftharpoons Co^{2+} + NH_3$	1.02×10^{-2}	1.99	0
$[Co(NH_3)_6]^{2+} \rightleftharpoons Co^{2+} + 6NH_3$	4.07×10^{-5}	4.39	0
$[Cu(CN)_4]^{3-} \rightleftharpoons [Cu(CN)_3]^{2-} + CN^-$	2.0×10^{-2}	1.70	0
$[Cu(CN)_3]^{2-} \rightleftharpoons [Cu(CN)_2]^- + CN^-$	2.57×10^{-5}	4.59	0
$[Cu(CN)_2]^- \rightleftharpoons Cu^+ + 2CN^-$	1.0×10^{-24}	24.00	0

配离子解离式	$K_{不稳}$	$pK_{不稳}$	离子强度
$[Cu(CN)_4]^{3-} \rightleftharpoons [Cu(CN)_3]^{2-} + CN^-$	5.13×10^{-21}	30.29	—
$[Cu(C_4H_4O_6)_4]^{6-} \rightleftharpoons Cu^{2+} + 4C_4H_4O_6^{2-}$	3.09×10^{-7}	6.51	—
$[Cu(NH_3)_4]^{2+} \rightleftharpoons [Cu(NH_3)_3]^{2+} + NH_3$	1.07×10^{-2}	1.97	0
$[Cu(NH_3)_3]^{2+} \rightleftharpoons [Cu(NH_3)_2]^{2+} + NH_3$	1.86×10^{-3}	2.73	0
$[Cu(NH_3)_2]^{2+} \rightleftharpoons [Cu(NH_3)]^{2+} + NH_3$	4.57×10^{-4}	3.34	0
$[Cu(NH_3)]^{2+} \rightleftharpoons Cu^{2+} + NH_3$	1.02×10^{-4}	3.99	0
$[Cu(NH_3)_4]^{2+} \rightleftharpoons Cu^{2+} + 4NH_3$	9.33×10^{-13}	12.03	0
$[Fe(CN)_6]^{4-} \rightleftharpoons Fe^{2+} + 6CN^-$	1.0×10^{-24}	24.00	0
$[Fe(C_2O_4)_3]^{4-} \rightleftharpoons Fe^{2+} + 3C_2O_4^{2-}$	6.03×10^{-6}	5.22	0
$[Fe(NH_3)_2]^{2+} \rightleftharpoons Fe^{2+} + 2NH_3$	6.31×10^{-3}	2.20	0
$[Fe(CN)_6]^{3-} \rightleftharpoons Fe^{3+} + 6CN^-$	1.0×10^{-31}	31.00	—
$[Fe(C_2O_4)_3]^{3-} \rightleftharpoons Fe^{3+} + 3C_2O_4^{2-}$	6.31×10^{-21}	20.20	—
$[Fe(NCS)_2]^+ \rightleftharpoons [Fe(NCS)]^{2+} + NCS^-$	5.01×10^{-2}	1.30	0
$[Fe(NCS)]^{2+} \rightleftharpoons Fe^{3+} + NCS^-$	9.33×10^{-4}	3.03	0
$[Fe(NCS)_5]^{2+} \rightleftharpoons Fe^{3+} + 5NCS^-$	9.52×10^{-7}	6.02	0
$FeF_3 \rightleftharpoons [FeF_2]^+ + F^-$	1.23×10^{-3}	2.91	0
$[FeF_2]^+ \rightleftharpoons [FeF]^{2+} + F^-$	1.20×10^{-4}	3.92	0
$[FeF]^{2+} \rightleftharpoons Fe^{3+} + F^-$	6.76×10^{-6}	5.17	0
$FeF_3 \rightleftharpoons Fe^{3+} + 3F^-$	9.98×10^{-13}	12.00	0
$[FeY]^- \rightleftharpoons Fe^{3+} + Y^{4-}$	7.09×10^{-26}	25.15	—
$[HgCl_4]^{2-} \rightleftharpoons [HgCl_3]^- + Cl^-$	8.91×10^{-2}	1.05	0
$[HgCl_3]^- \rightleftharpoons HgCl_2 + Cl^-$	1.12×10^{-1}	0.95	0
$HgCl_2 \rightleftharpoons [HgCl]^+ + Cl^-$	3.31×10^{-7}	6.48	0
$[HgCl]^+ \rightleftharpoons Hg^{2+} + Cl^-$	1.82×10^{-7}	6.74	0
$[HgCl_4]^{2-} \rightleftharpoons Hg^{2+} + 4Cl^-$	6.03×10^{-16}	15.22	0
$[Hg(CN)_4]^{2-} \rightleftharpoons [Hg(CN)_3]^- + CN^-$	1.05×10^{-3}	2.98	0

（续表）

配离子解离式	$K_{不稳}$	$pK_{不稳}$	离子强度
$[Hg(CN)_3]^- \rightleftharpoons Hg(CN)_2 + CN^-$	1.48×10^{-4}	3.83	0
$Hg(CN)_2 \rightleftharpoons [Hg(CN)]^+ + CN^-$	2.00×10^{-17}	16.70	0
$[Hg(CN)]^+ \rightleftharpoons Hg^{2+} + CN^-$	1.0×10^{-18}	18.00	0
$[Hg(CN)_4]^{2-} \rightleftharpoons Hg^{2+} + 4CN^-$	3.02×10^{-42}	41.52	0
$Hg(SCN)_4 \rightleftharpoons Hg^{2+} + 4SCN^-$	1.29×10^{-22}	21.89	0
$[HgI_4]^{2-} \rightleftharpoons [HgI_3]^- + I^-$	4.27×10^{-3}	2.37	0
$[HgI_3]^- \rightleftharpoons HgI_2 + I^-$	2.14×10^{-4}	36.7	0
$HgI_2 \rightleftharpoons [HgI]^+ + I^-$	1.12×10^{-11}	10.95	0
$[HgI]^+ \rightleftharpoons Hg^{2+} + I^-$	1.35×10^{-13}	12.87	0
$[HgI_4]^{2-} \rightleftharpoons Hg^{2+} + 4I^-$	1.38×10^{-30}	29.86	0
$[HgS_2]^{2-} \rightleftharpoons HgS + S^{2-}$	2.69×10^{-1}	0.57	—
$I_3^- \rightleftharpoons I_2 + I^-$	1.3×10^{-3}	2.89	0
$[Ni(en)_3]^{2+} \rightleftharpoons Ni^{2+} + 3en$	4.68×10^{-19}	18.33	0
$NiL_2 \rightleftharpoons [NiL]^+ + L^-$	6.92×10^{-12}	11.16	0
$[Ni(NH_3)_6]^{2+} \rightleftharpoons Ni^{2+} + 6NH_3$	1.82×10^{-9}	8.74	—
$[Pb(Ac)_4]^{2-} \rightleftharpoons Pb^{2+} + 4Ac^-$	3.16×10^{-9}	8.50	0
$[PbCl_4]^{2-} \rightleftharpoons Pb^{2+} + 4Cl^-$	2.5×10^{-2}	1.60	0
$[SnCl_4]^{2-} \rightleftharpoons Sn^{2+} + 4Cl^-$	3.3×10^{-2}	1.48	0
$[SnCl_6]^{2-} \rightleftharpoons Sn^{4+} + 6Cl^-$	1.5×10^{-1}	0.82	—
$[Zn(CN)_4]^{2-} \rightleftharpoons Zn^{2+} + 4CN^-$	1.0×10^{-16}	16.00	0
$[Zn(SCN)_4]^{2-} \rightleftharpoons Zn^{2+} + 4SCN^-$	5.0×10^{-2}	1.30	0
$[Zn(NH_3)_4]^{2+} \rightleftharpoons [Zn(NH_3)_3]^{2+} + NH_3$	1.1×10^{-2}	1.96	0
$[Zn(NH_3)_3]^{2+} \rightleftharpoons [Zn(NH_3)_2]^{2+} + NH_3$	4.90×10^{-3}	2.31	0
$[Zn(NH_3)_2]^{2+} \rightleftharpoons [Zn(NH_3)]^{2+} + NH_3$	5.62×10^{-3}	2.25	0
$[Zn(NH_3)]^{2+} \rightleftharpoons Zn^{2+} + NH_3$	6.61×10^{-3}	2.18	0
$[Zn(NH_3)_4]^{2+} \rightleftharpoons Zn^{2+} + 4NH_3$	2.00×10^{-9}	8.70	0

注：表中 Y^{4-} 代表 EDTA 的酸根，en 代表乙二胺，L 代表与 Ni^{2+} 形成配位的配体。

附录九　部分离子和化合物的颜色

一、离子

部分离子的颜色见附表 9-1 所列。

附表 9-1　部分离子的颜色

化学式	颜　色	化学式	颜　色
$[CuCl_2]^-$	泥黄色	$[Cr(NH_3)_6]^{3+}$	绿　色
$[CuCl_4]^{2-}$	黄　色	CrO_2^-	黄　色
$[CuI_2]^-$	黄　色	CrO_4^{2-}	黄　色
$[Cu(NH_3)_4]^{2+}$	深蓝色	$Cr_2O_7^{2-}$	橙　色
$[Ti(H_2O)_6]^{3+}$	紫　色	$[Mn(H_2O)_6]^{2+}$	肉　色
$[TiCl(H_2O)_5]^{2+}$	绿　色	MnO_4^{2-}	绿　色
$[TiO(H_2O)_4]^{2+}$	橘黄色	MnO_4^-	紫红色
$[V(H_2O)_6]^{2+}$	蓝紫色	$[Fe(H_2O)_6]^{2+}$	浅绿色
$[V(H_2O)_6]^{3+}$	绿　色	$[Fe(H_2O)_6]^{3+}$	淡紫色
VO^{2+}	蓝　色	$[Fe(CN)_6]^{4-}$	黄　色
VO_2^+	黄　色	$[Fe(CN)_6]^{3-}$	红棕色
$[VO_2(O_2)_2]^{3-}$	黄　色	$[Fe(NCN)_n]^{3-n}$	血红色
$[VO_2]^{3+}$	红棕色	$[Co(H_2O)_6]^{2+}$	粉红色
$[Cr(H_2O)_6]^{2+}$	天蓝色	$[Co(NH_3)_6]^{2+}$	黄　色
$[Cr(H_2O)_6]^{3+}$	紫红色	$[Co(NH_3)_6]^{3+}$	橙黄色
$[Cr(NH_3)_2(H_2O)_4]^{3+}$	浅红色	$[Co(SCN)_4]^{2-}$	蓝　色
$[Cr(NH_3)_3(H_2O)_3]^{3+}$	橙红色	$[Ni(H_2O)_6]^{2+}$	亮绿色
$[Cr(NH_3)_4(H_2O)_2]^{3+}$	橙黄色	$[Ni(NH_3)_6]^{2+}$	蓝　色
$[Cr(NH_3)_5H_2O]^{3+}$	黄　色	I_3^-	浅棕黄色

二、化合物

部分化合物的颜色见附表 9 - 2 所列。

附表 9 - 2 部分化合物的颜色

化学式	颜 色	化学式	颜 色
CuO	黑 色	Cu_2O	暗红色
Ag_2O	褐 色	ZnO	白 色
Hg_2O	黑 色	HgO	红色或黄色
MnO_2	棕 色	CdO	棕灰色
PbO_2	棕褐色	VO	黑 色
V_2O_3	黑 色	VO_2	深蓝色
V_2O_5	红棕色	Cr_2O_3	绿 色
CrO_3	橙红色	MoO_2	紫 色
WO_2	棕红色	FeO	黑 色
Fe_2O_3	砖红色	Fe_3O_4	黑 色
Co_2O_3	黑 色	NiO	暗绿色
Ni_2O_3	黑 色	Pb_3O_4	红 色
$Zn(OH)_2$	白 色	$Pb(OH)_2$	白 色
$Mg(OH)_2$	白 色	$Sn(OH)_2$	白 色
$Mn(OH)_2$	白 色	$Fe(OH)_2$	白 色
$Cd(OH)_2$	白 色	$Al(OH)_3$	白 色
$Bi(OH)_2$	白 色	$Sb(OH)_2$	白 色
$Cu(OH)_2$	浅蓝色	CuOH	黄 色
$Ni(OH)_2$	浅绿色	$Ni(OH)_3$	黑 色
$Co(OH)_2$	粉红色	$Co(OH)_3$	棕褐色
$Fe(OH)_3$	红棕色	$Cr(OH)_3$	灰绿色
$AlCl_3$	白 色	Hg_2Cl_2	白 色
$PbCl_2$	白 色	Cu_2Cl_2	白 色
$Hg(NH_3)Cl$	白 色	CoCl	蓝 色

（续表）

化学式	颜　色	化学式	颜　色
$CoCl_2 \cdot H_2O$	蓝紫色	$CoCl \cdot 2H_2O$	紫红色
$CoCl_2 \cdot 6H_2O$	粉红色	$FeCl_3 \cdot 6H_2O$	黄棕色
$TiCl_3 \cdot 6H_2O$	紫色或绿色	$TiCl_2$	黑　色
$AgBr$	淡黄色	AgI	黄　色
Hg_2I_2	黄　色	HgI_2	红　色
PbI_2	黄　色	Cu_2I_2	白　色
SbI_3	黄　色	BiI_3	褐　色
$Ba(IO_3)_2$	白　色	$AgIO_3$	白　色
KIO_4	白　色	$AgBrO_3$	白　色
Ag_2S	黑　色	HgS	红色或黑色
PbS	黑　色	CuS	黑　色
Cu_2S	黑　色	FeS	黑　色
Fe_2S_3	黑　色	CoS	黑　色
NiS	黑　色	Bi_2S_3	黑　色
SnS	棕　色	SnS_2	黄　色
CdS	黄　色	Sb_2S_3	橙　色
Sb_2S_5	橙红色	MnS	肉　色
ZnS	白　色	As_2S_3	黄　色
Ag_2SO_4	白　色	Hg_2SO_4	白　色
$PbSO_4$	白　色	$CaSO_4$	白　色
$SrSO_4$	白　色	$BaSO_4$	白　色
$[Fe(NO)]SO_4$	深棕色	$Cu(OH)_2SO_4$	浅蓝色
$CoSO_4 \cdot 7H_2O$	红　色	$Cr_2(SO_4)_3 \cdot 6H_2O$	绿　色
$Cr_2(SO_4)_3$	桃红色	$Cr(SO_4)_3 \cdot 18H_2O$	紫　色
Ag_2CO_3	白　色	$CaCO_3$	白　色
$SrCO_3$	白　色	$BaCO_3$	白　色
$MnCO_3$	白　色	$CdCO_3$	白　色
$Zn_2(OH)_2CO_3$	白　色	$Bi(OH)CO_3$	白　色

化学式	颜色	化学式	颜色
$Hg_2(OH)_2CO_3$	红褐色	$Co_2(OH)_2CO_3$	红色
$Cu_2(OH)_2CO_3$	蓝色	$Ni_2(OH)_2CO_3$	浅绿色
$Ca_3(PO_4)_2$	白色	$CaHPO_4$	白色
$Ba_3(PO_4)_2$	白色	$FePO_4$	浅黄色
Ag_3PO_4	黄色	$MgNH_4PO_4$	白色
Ag_2CrO_4	砖红色	$PbCrO_4$	黄色
$BaCrO_4$	黄色	$[Cr(H_2O)Cl_2]Cl \cdot 2H_2O$	暗绿色
$BaSiO_3$	白色	$CuSiO_3$	蓝色
$CoSiO_3$	紫色	$Fe_2(SiO_3)_3$	棕红色
$MnSiO_3$	肉色	$NiSiO_3$	翠绿色
$ZnSiO_3$	白色	CaC_2O_4	白色
$Ag_2C_2O_4$	白色	$AgCN$	白色
$Ni(CN)_2$	浅绿色	$Cu(CN)_2$	黄色
$CuCN$	白色	$AgSCN$	白色
$Cu(SCN)_2$	墨绿色	$MgNH_4AsO_4$	白色
Ag_3AsO_4	红褐色	$Ag_2S_2O_3$	白色
$BaSO_3$	白色	$SrSO_3$	白色
$Fe_3[Fe(CN)_6]_2$	滕氏蓝	$Fe_4[Fe(CN)_6]_2$	普鲁士蓝
$Cu_2[Fe(CN)_6]_2$	红棕色	$Ag_3[Fe(CN)_6]$	橙色
$Zn_3[Fe(CN)_6]_2$	黄褐色	$Ag_4[Fe(CN)_6]$	白色
$Zn_2[Fe(CN)_6]_2$	白色	$K_3Co(NO_2)_6]$	黄色
$KC_4H_4O_6H$	白色	$Na_3[Sb(OH)_6]$	白色
$Na_2[Fe(CN)_5NO] \cdot 2H_2O$	红色	$NaAc \cdot Zn(Ac)_2 \cdot 3[UO_2(Ac)_2] \cdot 9H_2O$	黄色
$\left[O \genfrac{}{}{0pt}{}{Hg}{Hg} N_2 \right]I$	红棕色	$\left[\genfrac{}{}{0pt}{}{I-Hg}{I-Hg} N_2 \right]I$	深褐色或红棕色

附录十 部分重要无机化合物的溶解度

部分重要无机化合物的溶解度见附表 10-1 所列。

附表 10-1 部分重要无机化合物的溶解度(g/100 mL 水)

与饱和溶液平衡的固相物质	溶解度	与饱和溶液平衡的固相物质	溶解度
$AgNO_3$	122(0)	$Cu(NO_3)_2 \cdot 6H_2O$	243.7(0)
Ag_2SO_4	0.57(0)	$CuSO_4$	14.3(0)
AgF	182(15.5)	$CuSO_4 \cdot 5H_2O$	31.6(0)
$AlCl_3$	69.9(15)	$[Cu(NH_3)_4]SO_4 \cdot H_2O$	18.5(21.5)
AlF_3	0.559(25)	$FeCl_2 \cdot 4H_2O$	160.1(10)
$Al(NO_3)_3 \cdot 9H_2O$	63.7(25)	$FeCl_3 \cdot 6H_2O$	91.9(20)
$Al_2(SO_4)_3$	31.3(0)	$Fe(NO_3)_2 \cdot 6H_2O$	83.5(20)
$Al_2(SO_4)_3 \cdot 18H_2O$	86.9(0)	$Fe(NO_3)_3 \cdot 6H_2O$	150(0)
As_2O_5	150(14)	$FeC_2O_4 \cdot 2H_2O$	0.022
As_2O_3	3.7(20)	$FeSO_4 \cdot 7H_2O$	15.65
$BaCl_2$	37.5(26)	$Fe_2(SO_4)_3 \cdot 9H_2O$	440
$BaCl_2 \cdot 2H_2O$	58.7(100)	H_3BO_3	6.35(20)
BaF_2	0.12(25)	HIO_3	286(0)
$Ba(OH)_2 \cdot 8H_2O$	5.6(15)	$HgCl_2$	6.9(20)
$Ba(NO_3) \cdot H_2O$	63(20)	$HgSO_4 \cdot 2H_2O$	0.003(18)
BaO	3.48(20)	$H_2MoO_4 \cdot H_2O$	0.133(18)
$BaO_2 \cdot 8H_2O$	0.168	H_3PO_4	548
$BaSO_4 \cdot 4H_2O$	42.5(25)	$KAl(SO_4)_2 \cdot 12H_2O$	11.4(20)
$CaCl_2$	74.5(20)	KBr	53.48(0)
$CaCl_2 \cdot 6H_2O$	279(0)	K_2CO_3	112(20)
$CaCrO_4 \cdot 2H_2O$	16.3(20)	$K_2CO_3 \cdot 2H_2O$	146.9
$Ca(OH)_2$	0.185(0)	$KClO_3$	7.1(20)
$Ca(NO_3)_2 \cdot 4H_2O$	266(0)	$KClO_4$	0.75(0)
$CaSO_4 \cdot 2H_2O$	0.241	KCl	34.7(20)

（续表）

与饱和溶液平衡的固相物质	溶解度	与饱和溶液平衡的固相物质	溶解度
$CaSO_4 \cdot 1/2H_2O$	0.3(20)	K_2CrO_4	62.9(20)
$CdCl_2$	140(20)	$K_2Cr_2O_7$	4.9(0)
$CdCl_2 \cdot 5/2H_2O$	168(20)	$KCr(SO_4)_2 \cdot 12H_2O$	24.39(25)
$Cd(NO_3)_2 \cdot 4H_2O$	215	$K_3[Fe(CN)_6]$	33(4)
$3CdSO_4 \cdot 8H_2O$	113(0)	$K_3[Fe(CN)_6] \cdot 3H_2O$	14.5(0)
Cl_2	1.4(0)	KOH	107(15)
CO_2	0.348(0)	KIO_3	4.74(0)
CO_2	0.145(25)	KIO_4	0.66(15)
$CoCl_2 \cdot 6H_2O$	76.7(0)	KI	127.5(0)
$Co(NO_3)_2 \cdot 6H_2O$	133.8(0)	$KCl \cdot MgCl_2 \cdot 6H_2O$	64.5(19)
$CoSO_4 \cdot 7H_2O$	60.4(3)	$KMnO_4$	6.38(20)
$Cr_2(SO_4)_3 \cdot 18H_2O$	120(20)	KNO_3	13.3(0)
$[Cr(H_2O)_4Cl_2] \cdot 2H_2O$	58.5(25)	KNO_3	247(100)
$CuCl_2 \cdot 2H_2O$	110.4(0)	$KCNS$	177.2(0)
$LiCl$	63.7(0)	$NH_4B_5O_8 \cdot 4H_2O$	7.03(18)
$LiCl \cdot H_2O$	86.2(20)	$(NH_4)_2B_4O_7 \cdot 4H_2O$	7.27(18)
$LiOH$	12.8(20)	NH_4Br	97(25)
$LiNO_3 \cdot 3H_2O$	34.8(0)	$(NH_4)_2CO_3 \cdot H_2O$	100(15)
$Li_2SO_4 \cdot H_2O$	34.9(25)	NH_4HCO_3	11.9(0)
$MgCl_2 \cdot 6H_2O$	167	NH_4ClO_3	28.7(0)
$Mg(NO_3)_2 \cdot 6H_2O$	125	NH_4ClO_4	10.74(0)
$MgSO_4 \cdot 7H_2O$	71(20)	NH_4Cl	29.7(0)
$MnCl_2 \cdot 4H_2O$	151(8)	$(NH_4)_2CrO_4$	40.5(30)
$Mn(NO_3)_2 \cdot 4H_2O$	426.4(0)	$(NH_4)_2Cr_2O_7$	30.8(15)
$MnSO_4 \cdot 7H_2O$	172	$NH_4Cr(SO_4)_2 \cdot 12H_2O$	21.2(25)
$MnSO_4 \cdot 6H_2O$	147.4	NH_4F	100(0)
$NaC_2H_3O_2$	119(0)	$(NH_4)_2SiF_6$	18.6(17)
$NaC_2H_3O_2 \cdot 3H_2O$	76.2(0)	NH_4I	154.2(0)

（续表）

与饱和溶液平衡的固相物质	溶解度	与饱和溶液平衡的固相物质	溶解度
$Na_3AsO_4 \cdot 12H_2O$	38.9(15.5)	$NH_4Fe(SO_4)_2 \cdot 12H_2O$	124.0(25)
$Na_2B_4O_7 \cdot 10H_2O$	2.01(0)	$(NH_4)_2SO_4 \cdot FeSO_4 \cdot 6H_2O$	26.9(20)
$NaBr \cdot 2H_2O$	79.5(0)	$NH_4MgPO_4 \cdot 6H_2O$	0.0231(0)
Na_2CO_3	7.1(0)	$(NH_4)_6Mo_7O_{24} \cdot 4H_2O$	43
$Na_2CO_3 \cdot H_2O$	21.52(0)	NH_4NO_3	118.3(0)
$NaHCO_3$	6.9(0)	$(NH_4)_2C_2O_4 \cdot H_2O$	2.54(0)
$NaCl$	35.7(0)	$(NH_4)_3PO_4 \cdot 3H_2O$	26.1(25)
$NaOCl \cdot 5H_2O$	29.3(0)	NH_4CNS	128(0)
Na_2CrO_4	87.3(20)	$(NH_4)_2SO_4$	70.6(0)
$Na_2CrO_4 \cdot 10H_2O$	50(10)	$NH_4Al(SO_4)_2 \cdot 12H_2O$	15(20)
$Na_2Cr_2O_7 \cdot 2H_2O$	238(0)	$NH_4H_2AsO_4$	33.7(0)
$Na_2C_2O_4$	3.7(20)	NH_4VO_3	0.52(15)
NaI	184(25)	$Ni(C_2H_3O_2)_2$	16.6
$NaI \cdot 2H_2O$	317.9(0)	$NiCl_2 \cdot 6H_2O$	254(20)
$Na_2MoO_4 \cdot 2H_2O$	56.2(0)	$NiSO_4 \cdot 7H_2O$	75.6(15.5)
$NaNO_2$	81.5(15)	$NiSO_4 \cdot 6H_2O$	62.52(0)
$Na_3PO_4 \cdot 10H_2O$	8.8	$Pb(C_2H_3O_2)_2$	44.3(20)
$Na_4P_2O_7 \cdot 10H_2O$	5.41(0)	$Pb(NO_3)_2$	37.65(0)
$Na_2SO_4 \cdot 10H_2O$	11(0)	SO_2	22.8(0)
$Na_2SO_4 \cdot 10H_2O$	92.7(30)	$SnCl_2$	83.9(0)
$Na_2S \cdot 9H_2O$	47.5(10)	$Sr(NO_3)_2 \cdot 4H_2O$	60.43(0)
$Na_2SO_3 \cdot 7H_2O$	32.8(0)	$Zn(C_2H_3O_2)_2 \cdot 2H_2O$	31.1(20)
$Na_2S_2O_3 \cdot 5H_2O$	79.4(0)	$ZnCl_2$	432(25)
$Na_2WO_4 \cdot 2H_2O$	41(0)	$ZnSO_4 \cdot 7H_2O$	96.5(20)
NH_3	89.9	$Zn(NO_3)_2 \cdot 6H_2O$	184.3(20)
$NH_4C_2H_3O_2$	148(4)	—	—

注：溶解度列中括号内的数值为溶解度测定时的温度，单位为℃。

附录十一 部分试剂的配制方法

部分试剂的配制方法见附表 11-1 所列。

附表 11-1 部分试剂的配制方法

试 剂	浓 度	配制方法
$BiCl_3$ 溶液	$0.1 mol \cdot L^{-1}$	将 31.6 g $BiCl_3$ 溶解于 330 mL 6 mol·L^{-1} HCl 溶液中,加 H_2O 稀释至 1 L
$SbCl_3$ 溶液	$0.1 mol \cdot L^{-1}$	将 22.8 g $SbCl_3$ 溶解于 330 mL 6 mol·L^{-1} HCl 溶液中,加 H_2O 稀释至 1 L
$SnCl_2$ 溶液	$0.1 mol \cdot L^{-1}$	将 22.6 g $SnCl_2 \cdot H_2O$ 溶解于 330 mL 6 mol·L^{-1} HCl 溶液中,加 H_2O 稀释至 1 L,加数粒纯锡,以防氧化
$Hg(NO_3)_2$ 溶液	$0.1 mol \cdot L^{-1}$	将 33.4 g $Hg(NO_3)_2 \cdot 0.5H_2O$ 溶解于 1 L 0.6 mol·L^{-1} HNO_3 溶液中
$Hg_2(NO_3)_2$ 溶液	$0.1 mol \cdot L^{-1}$	将 56.1 g $Hg_2(NO_3)_2 \cdot 2H_2O$ 溶解于 1 L 0.6 mol·L^{-1} HNO_3 溶液中,并加入少量金属 Hg
$(NH_4)_2CO_3$ 溶液	$0.1 mol \cdot L^{-1}$	将 96 g 研细的 $(NH_4)_2CO_3$ 溶解于 1 L 2 mol·L^{-1} 氨水溶液中
$(NH_4)_2SO_4$ 溶液	饱和	将 50 g $(NH_4)_2SO_4$ 溶解于 100 L 热水,再冷却后过滤
$FeSO_4$ 溶液	$0.5 mol \cdot L^{-1}$	将 59.5 g $FeSO_4 \cdot 7H_2O$ 溶解于适量 H_2O 中,加入 5 mL 18 mol·L^{-1} H_2SO_4 溶液,再用 H_2O 稀释至 1L,置入小铁钉数枚
$NaSbO_3$ 溶液	$0.1 mol \cdot L^{-1}$	将 12.2 g 锑粉溶解于 50 L 浓 HNO_3 溶液中微热,使锑粉全部作用生成白色粉末,用倾析法洗涤数次,然后加入 50 mL 6 mol·L^{-1} NaOH,使之溶解,稀释至 1 L
Na_2S 溶液	$1.0 mol \cdot L^{-1}$	将 240 g $Na_2S \cdot 9H_2O$ 和 40 g NaOH 溶解于适量 H_2O 中,稀释至 1 L

（续表）

试 剂	浓 度	配制方法
$(NH_4)_6Mo_7O_{24} \cdot 4H_2O$ 溶液	$0.1\ mol \cdot L^{-1}$	将 124 g $(NH_4)_6Mo_7O_{24} \cdot 4H_2O$ 溶解于 1 L H_2O 中,将所得溶液倒入 6 mol $\cdot$ L^{-1} HNO_3 中,放置 24 h,取其澄清液
$(NH_4)_2S$ 溶液	$3.0\ mol \cdot L^{-1}$	在 200 mL 浓氨溶液(15 mol $\cdot$ L^{-1})中通入 H_2S 至不再吸收为止。然后加入 200 mL 浓氨溶液,稀释至 1 L
$Na_3[Co(NO_2)_6]$ 溶液	—	将 230 g $NaNO_2$ 溶解于 500 mL H_2O 中,加入 165 mL 6 mol $\cdot$ L^{-1} HAc 溶液和 30 g $Co(NO_3)_2 \cdot 6H_2O$,放置 24 h,取其清液,稀释至 1 L,并保存在棕色瓶中,此溶液应呈橙色,若变成红色,表示已分解,应重新配制
$K_3[Fe(CN)_6]$ 溶液	—	取 0.7~1 g 铁氰化钾溶解于适量的 H_2O 中,稀释至 100 mL(使用前临时配制)
铬黑 T	—	将铬黑 T 和烘干的氯化钠按质量比为 1:100 称取并研细均匀混合,储存于棕色瓶中
镍试剂(二乙酰二肟)	—	将 10 g 镍试剂溶解于 1 L 95%的酒精中
镁试剂	—	将 0.01 g 镁试剂溶解于 1 L 1 mol $\cdot$ L^{-1} 的 NaOH 溶液中
铝试剂	—	将 1 g 铝试剂溶解于 1 L H_2O 中
镁铵试剂	—	将 100 g $MgCl_2 \cdot 6H_2O$ 和 100 g NH_4Cl 溶解于适量 H_2O 中,加 50 mL 浓氨溶液,用 H_2O 稀释至 1 L
奈斯勒试剂	—	将 115 g HgI_2 和 80 g KI 溶解于适量 H_2O 中,稀释至 500 mL,加 500 mL 6 mol $\cdot$ L^{-1} 的 NaOH 溶液,静止后,取其清液,保存在棕色瓶中
二苯胺溶液	—	将 1 g 二苯胺在搅拌下溶解于 100 mL 比重为 1.84 的硫酸或 100 mL 比重为 1.70 的磷酸中
$Na_2[Fe(CN)_5NO]$	—	将 10 g 五氰氧氮合铁(Ⅲ)酸钠溶解于 100 mL H_2O 中,保存于棕色瓶内,如果溶液变绿,则试剂失效

（续表）

试　剂	浓　度	配制方法
格里斯试剂	—	在加热下将 0.5 g 对氨基苯磺酸溶解于 50 mL 质量分数为 30% 的 HAc 溶液中，储存暗处保存，作为 A 液；将 0.4 g α-奈胺与 100 mL H_2O 混合煮沸再从蓝色渣滓中倾出无色溶液，加入 6 mL 质量分数为 80% 的 HAc 溶液，作为 B 液；使用前将 A 液和 B 液等体积混合
二苯硫脲溶液	—	将 0.02 g 二苯硫脲溶解于适量的 CCl_4 中并稀释至 100 mL，此为质量分数为 0.02% 的二苯硫脲溶液，使用时再用 CCl_4 稀释 10 倍
甲基红指示液	—	将 2 g 甲基红溶解于 1 L 质量分数为 60% 的乙醇溶液中
甲基橙指示液	0.1%	将 1 g 甲基橙溶解于 1 L H_2O 溶液中
酚酞指示液	—	将 1 g 酚酞溶解于 1 L 质量分数为 90% 的乙醇溶液中
溴甲酚蓝指示液	—	将 0.1 g 溴甲酚蓝与 29 mL 0.05 mol·L^{-1} NaOH 溶液一起搅匀，用 H_2O 稀释至 250 mL，或将 1 g 溴甲酚蓝溶解于 1 L 质量分数为 20% 的乙醇溶液中
石蕊指示液	—	将 2 g 石蕊溶解于 50 mL H_2O 中，静置一昼夜后过滤，在滤液中加入 30 mL 质量分数为 95% 的乙醇溶液，用 H_2O 稀释至 100 mL
溴水	—	在 H_2O 中滴入液溴至饱和
氯水	—	在水中通入氯气直至饱和，该溶液使用时临时配置
碘水	0.05 mol·L^{-1}	将 1.3 g I_2 和 5 g KI 溶解于尽可能少的 H_2O 中，加 H_2O 稀释至 1 L
淀粉溶液	1%	将 1 g 淀粉和少量的冷水调成糊状倒入 100 mL H_2O 中，煮沸冷却即可

参考文献

[1] 王华林,翟林峰. 普通化学实验[M]. 合肥:中国科学技术大学出版社,1999:1-8.

[2] 王华林,翟林峰. 无机化学实验[M]. 合肥:合肥工业大学出版社,2004:23-81.

[3] 宗汉兴,钱文汉,雷群芳,等. 化学基础实验[M]. 杭州:浙江大学出版社,2000:153-184.

[4] 章燕豪,黄雍实,穆义生. 大学化学手册[M]. 上海:上海交通大学出版社,2000:469-477.

[5] 朱耕宇,陈雪萍. 化工现代测试技术[M]. 杭州:浙江大学出版社,2009:109-112.

图书在版编目(CIP)数据

无机化学实验/翟林峰主编.—合肥:合肥工业大学出版社,2021.7
ISBN 978-7-5650-5369-6

Ⅰ.①无… Ⅱ.①翟… Ⅲ.①无机化学—化学实验 Ⅳ.①O61-33

中国版本图书馆 CIP 数据核字(2021)第 130894 号

无机化学实验

	翟林峰 主编		责任编辑 赵 娜 汪 钵		
出　版	合肥工业大学出版社		版　次	2021 年 7 月第 1 版	
地　址	合肥市屯溪路 193 号		印　次	2021 年 7 月第 1 次印刷	
邮　编	230009		开　本	710 毫米×1010 毫米　1/16	
电　话	理工图书出版中心:0551-62903004		印　张	9.75	
	营销与储运管理中心:0551-62903198		字　数	155 千字	
网　址	www.hfutpress.com.cn		印　刷	合肥现代印务有限公司	
E-mail	hfutpress@163.com		发　行	全国新华书店	

ISBN 978-7-5650-5369-6　　　　　　　　　　定价:32.80 元

如果有影响阅读的印装质量问题,请与出版社市场营销部联系调换。